室内邻苯二甲酸酯污染及非膳食暴露研究

王立鑫　张　徽　庞雪莹　著

机械工业出版社

邻苯二甲酸酯是一类典型的半挥发性有机物（SVOC），可对人体健康造成危害，相关研究已成为室内空气品质领域的热点科学问题。

本书介绍了邻苯二甲酸酯的毒性和健康危害、室内邻苯二甲酸酯的源和污染水平，分析了典型室内环境邻苯二甲酸酯的非膳食暴露及大学生皮肤暴露特征。本书共6章，包括绪论、邻苯二甲酸酯的毒性及健康效应、室内邻苯二甲酸酯的源、典型室内环境邻苯二甲酸酯非膳食暴露、大学生宿舍降尘中邻苯二甲酸酯污染、幼儿园室内外多介质中邻苯二甲酸酯污染及大学生邻苯二甲酸酯皮肤暴露。

本书内容较丰富，适合暖通空调领域、环境污染物暴露与健康领域及室内空气品质领域的科技工作者、教师及研究生阅读，也可供欲进入这一领域者参考。

图书在版编目（CIP）数据

室内邻苯二甲酸酯污染及非膳食暴露研究/王立鑫等著. —北京：机械工业出版社，2019.7

ISBN 978-7-111-62984-9

Ⅰ.①室…　Ⅱ.①王…　Ⅲ.①室内空气－邻苯二甲酸酯－空气污染－研究　Ⅳ.①X510.3

中国版本图书馆CIP数据核字（2019）第117637号

机械工业出版社（北京市百万庄大街22号　邮政编码100037）
策划编辑：刘　涛　责任编辑：刘　涛　马军平
责任校对：李　伟　封面设计：马精明
责任印制：张　博
北京铭成印刷有限公司印刷
2019年7月第1版第1次印刷
169mm×239mm · 6.25印张 · 115千字
标准书号：ISBN 978-7-111-62984-9
定价：38.00元

电话服务	网络服务
客服电话：010－88361066	机　工　官　网：www.cmpbook.com
010－88379833	机　工　官　博：weibo.com/cmp1952
010－68326294	金　书　网：www.golden－book.com
封底无防伪标均为盗版	机工教育服务网：www.cmpedu.com

前 言

人大约有90%以上的时间在室内度过，室内空气品质与人体健康密切相关。半挥发性有机物（SVOC）沸点较高、饱和蒸气压较低，吸附性较强，因此在室内环境中SVOC可存在于空气、颗粒物、降尘和材料表面，进而可通过口入、吸入和皮肤接触等暴露途径进入人体并对健康造成损害。近10年来，室内SVOC污染逐渐成为室内空气品质研究领域的全球热点问题。邻苯二甲酸酯是一类典型的SVOC，且PAEs是内分泌干扰物，危害人体的呼吸系统、生殖系统和内分泌系统。因此，室内邻苯二甲酸酯污染及暴露引起了科研人员的重视，相关研究方兴未艾。

本书分为6章，第1章系统综述了邻苯二甲酸酯的动物毒理学及人群流行病学研究进展。第2章介绍了邻苯二甲酸酯的典型室内源，包括装饰装修材料、个人护理品和玩具。第3章分析了典型室内环境（家庭、办公室和幼儿园）降尘中的邻苯二甲酸酯污染，并通过蒙特卡罗模拟估算了婴儿、学龄前儿童和成人对邻苯二甲酸酯的非膳食暴露。第4章对大学生宿舍室内降尘中的邻苯二甲酸酯的污染特征进行了分析。第5章通过测试幼儿园室内外气相、颗粒相和降尘/土壤样品中的邻苯二甲酸酯含量，分析了邻苯二甲酸酯在多相介质中的污染及分配特征。第6章通过擦拭大学生皮肤表面，分析了邻苯二甲酸酯在皮肤表面的分布，评价了邻苯二甲酸酯的皮肤暴露。

本书由王立鑫拟定编写大纲、统稿、定稿，并编写第1章~第3章、第5章；第4章由北京建筑大学张微硕士研究生编写。第6章由北京建筑大学庞雪莹硕士研究生编写。

本书的内容是作者在从事科学研究过程中取得的成果，在取得这些成果的过程中，得到多名专家学者的指导和帮助，在此要对清华大学张寅平教授和莫金汉副教授、华中科技大学杨旭教授表示诚挚的谢意；同时要感谢清华大学龚梦艳博士、北京建筑大学渠美楠和孟子言硕士研究生在本书撰写过程中所做的贡献。感谢国家自然科学基金（项目号：51420105010和51136002）和北京市教委科研计划（项目号：KM201410016014）项目资助。

限于研究所涉及内容的广泛性及作者的能力，书中可能存在不妥之处，敬请各位读者批评指正。

作 者

目 录

绪　论

增塑剂，主要用于增强塑料的可塑性，改善塑料成型加工时的流动性，并使塑料制品具有柔韧性。目前，增塑剂是各种塑料助剂使用量最大的品种，被广泛用于玩具、建筑材料、汽车配件、电子与医疗部件等大量塑料制品中，占塑料助剂总消费量的60%左右，增塑剂在塑料制品中的质量百分比可达百分之几十。2006年，世界增塑剂的消费量高达665万吨，而中国是世界上最大的增塑剂消费国，占全球消费量的1/4，如图0-1所示（陶刚等，2008）。

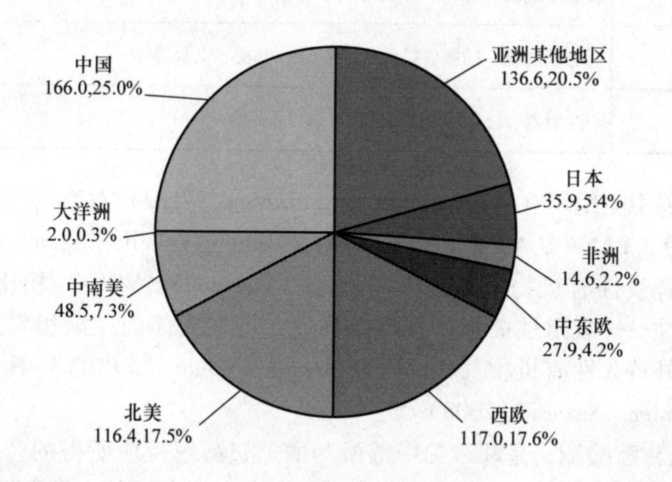

图0-1　2006年世界增塑剂按地区消费量（万吨）及比例

目前，我国增塑剂生产以邻苯二甲酸二（2－乙基己基）酯（DEHP）、邻苯二甲酸二正丁酯（DnBP）为主，还生产邻苯二甲酸二异癸酯（DiDP）和邻苯二甲酸异壬酯（DiNP）、对苯甲酸酯类、氯化石蜡、烷基磺酸酯、脂肪族二元酸酯、环氧脂类、偏苯三酸酯类、磷酸酯类等50多个品种，其中又以邻苯二甲酸酯（Phthalic Acid Esters，PAEs）增塑剂的年产量最大（陶刚等，2008；俞晓雪，2002）。在增塑剂总消费量中，约90%用于PVC树脂，其余10%用于各种纤维素树脂、不饱和聚酯、环氧树脂、醋酸乙烯树脂和部分合成橡胶制品中。我国增塑剂市场消费结构，其中薄膜约占34%、塑料鞋占18%、电线电缆占8%、合成革制品占17%、泡沫和单板等占8%、其他PVC制品为5%、合成橡胶和醋酸纤维素等占10%。可以说，含有增塑剂的材料和塑料制品在人们日常生活中无处不在，人们时时刻刻都在接触增塑剂，见表0-1。

表0-1　日常生活中使用的含增塑剂的塑料制品

装饰装修材料	壁纸、PVC地板、地板革、塑料吊顶、塑料灯罩、浴帘、台布、汽车内装饰材料等
家居用品	脸盆、水桶、塑料凉鞋及拖鞋、箱包、鼠标垫等
家具	塑料家具、人造革的沙发等
包装材料	食品、药品和化妆品包装，保鲜膜（袋），一次性饭盒，塑料饭盒、碗筷、水杯，矿泉水瓶及饮料瓶，食用油桶（瓶），调料盒（瓶），塑料袋等
儿童用品	泡沫地板、玩具、塑料奶瓶等
电器用品	电线电缆、插座、插线板、台灯、电视、电脑等
医用产品	注射器、注射液袋等

根据世界卫生组织（World Health Organization，WHO）对室内有机物的分类原则（1989），PAEs是半挥发性有机物（Semi－Volatile Organic Compounds，SVOC）。与挥发性有机物（Volatile Organic Compounds，VOCs）相比，SVOC有明显的特殊性——吸附性极强，且难以挥发，可在人体内逐渐积累达到致病含量。这与室外持久性有机物（Persistent Organic Pollutants，POPs）具有很强的相似性（Weschler，Nazaroff，2008）。

PAEs又称酞酸酯，是邻苯二甲酸酐与醇通过醇解反应所得的产物。邻苯二甲酸酯类化合物一般为无色透明的油状黏稠液体，难溶于水，不易挥发，凝固点低，易溶于甲醇、乙醇、乙醚等有机溶剂。常见的PAEs及化学物理性质见表0-2。

表 0-2 PAEs 的物理化学性质①

序号	增塑剂	CAS 号	分子式	MW/(g/mol)	BP/℃	VP/Pa	$\log K_{ow}$	$\log K_{aw}$	$\log K_{oa}$
1	邻苯二甲酸二甲酯（DMP）	131-11-3	$C_{10}H_{10}O_4$	194.19	248.83	4.11×10^{-1}	1.60	-5.094	6.694
2	邻苯二甲酸二乙酯（DEP）	84-66-2	$C_{12}H_{14}O_4$	222.24	282.13	2.80×10^{-1}	2.42	-4.603	7.023
3	邻苯二甲酸二丙烯酯（DAP）	131-17-9	$C_{14}H_{14}O_4$	246.26	309.72	1.16×10^{-3}②	3.23	-4.802	8.032
4	邻苯二甲酸二丙酯（DPrP）	131-16-8	$C_{14}H_{18}O_4$	250.30	311.82	1.76×10^{-2}	3.27	-4.783	8.053
5	邻苯二甲酸二丁酯（DnBP）	84-74-2	$C_{16}H_{22}O_4$	278.35	337.89	2.68×10^{-3}	4.50	-4.131	8.631
6	邻苯二甲酸二异丁酯（DiBP）	84-69-5	$C_{16}H_{22}O_4$	278.35	322.61	3.22×10^{-1}②	4.11	-4.302	8.412
7	邻苯二甲酸二戊酯（DPeP）	131-18-0	$C_{18}H_{26}O_4$	306.41	361.31	2.61×10^{-2}②	5.62	-4.054	9.674
8	邻苯二甲酸丁基苄基酯（BBzP）	85-68-7	$C_{19}H_{20}O_4$	312.37	387.45	1.10×10^{-3}	4.73	-4.288	9.018
9	邻苯二甲酸二苯酯（DPheP）	84-62-8	$C_{20}H_{14}O_4$	318.33	413.58	1.82×10^{-4}②	4.10	-5.903	10.003
10	邻苯二甲酸二环己酯（DCHP）	84-61-7	$C_{20}H_{26}O_4$	330.43	394.85	1.16×10^{-4}	6.20	-5.388	11.588
11	邻苯二甲酸二正己酯（DHP）	84-75-3	$C_{20}H_{30}O_4$	334.46	384.52	1.87×10^{-3}	6.82	-2.979	9.799
12	邻苯二甲酸酯二异己酯（DiHP）	146-50-9	$C_{20}H_{30}O_4$	334.46	370.53	5.7×10^{-3}②	6.43	-3.809	10.239
13	邻苯二甲酸二苯甲酯（DMPP）	523-31-9	$C_{22}H_{18}O_4$	346.39	436.79	7.01×10^{-7}②	5.08	-7.224	12.304
14	邻苯二甲酸二（2-乙基己基）酯（DEHP）	117-81-7	$C_{24}H_{38}O_4$	390.57	416.95	1.89×10^{-5}	7.60	-4.957	12.557
15	邻苯二甲酸二正辛酯（DnOP）	117-84-0	$C_{24}H_{38}O_4$	390.57	430.94	1.33×10^{-5}	8.10	-3.979	12.079
16	邻苯二甲酸二异辛酯（DiOP）	27554-26-3	$C_{24}H_{38}O_4$	390.57	416.95	7.33×10^{-4}	8.39	-2.892	11.282
17	邻苯二甲酸二异壬酯（DiNP）	28553-12-0	$C_{26}H_{42}O_4$	418.62	440.16	7.20×10^{-5}	9.37	-4.215	13.585
18	邻苯二甲酸二正壬酯（DNP）	84-76-4	$C_{26}H_{42}O_4$	418.62	454.14	6.51×10^{-4}	9.52	-3.070	12.590
19	邻苯二甲酸二异癸酯（DiDP）	26761-40-0	$C_{28}H_{46}O_4$	446.68	463.36	7.04×10^{-5}	10.36	-4.343	14.703
20	邻苯二甲酸二癸酯（DDP）	84-77-5	$C_{28}H_{46}O_4$	446.68	477.35	1.36×10^{-5}②	9.05	-2.824	11.874

① 根据 EPI Suite 4.1 计算。

② Modified Grain method。

MW：摩尔质量，BP：沸点，VP：饱和蒸气压，K_{ow}：污染物在辛醇和水之间的分配系数，K_{aw}：污染物在空气和水之间的分配系数，K_{oa}：污染物在辛醇和空气之间的分配系数。

参考文献

[1] 陶刚，梁诚. 国内外增塑剂市场分析与发展趋势［J］. 塑料科技，2008，36（6）：78－81.

[2] 俞晓雪. 增塑剂市场分析［J］. 精细石油化工进展，2002，3（7）：24－27.

[3] WESCHLER C J, NAZAROFF W W. Semivolatile organic compounds in indoor environments [J]. Atmospheric Environment, 2008, 42: 9018－9040.

[4] World Health Organization (WHO). Indoor Air Quality: Organic Pollutants, EURO Reports and Studies No Ⅲ [R]. World Health Organization, Copenhagen, Denmark, 1989.

第 1 章

邻苯二甲酸酯的毒性及健康效应

邻苯二甲酸酯主要用途是作为增塑剂，即添加到高分子聚合物中以增强材料的柔韧性和拉伸性。增塑剂被广泛用于玩具、建筑材料、汽车配件、电子与医疗部件等大量塑料制品中，是迄今为止产量和消费量最大的助剂。邻苯二甲酸酯与高分子聚合物之间不是共价键化学结合，而是物理结合，因此随着时间的推移，这类物质会慢慢从材料中逸出，污染空气、土壤、水源乃至食物。邻苯二甲酸酯可在人体内逐渐累积并可分解成相应的代谢产物（CDC，2005），进而危害人体健康。由于邻苯二甲酸酯存在潜在的健康危害，欧盟国家于 1999 年就开始在某些塑料产品中限制邻苯二甲酸酯的使用（董夫银，闫杰，2006）。近 10 年来，随着一批高质量的人群流行病学研究的开展，邻苯二甲酸酯类化合物对人类健康危害的证据越来越充分和明确，美国也于 2009 年 2 月 10 日开始在某些塑料产品中限制邻苯二甲酸酯的使用（http：//www. cpsc. gov/businfo/intl/cpsa_ch. pdf，p27）。

1.1 动物毒理学研究

通过动物毒理学研究发现，邻苯二甲酸酯主要的潜在毒性包括：①雄性生殖发育毒性；②免疫毒性和佐剂作用；③肝脏毒性和致癌作用。

1. 雄性生殖发育毒性

动物实验发现，邻苯二甲酸酯可干扰机体内分泌系统，具有类雌激素作用和抗雄性激素作用。所谓“邻苯二甲酸酯综合征（phthalate syndrome）”专指被邻苯二甲酸酯类化合物（特别是 DEHP、DBP、BBP）染毒之后，雄性啮齿类动物表现出生殖系统畸形，包括附睾发育不全，隐睾，尿道下裂，输精管、精囊、前列腺异常等，以及肛门生殖器距离（anogenital distance，AGD，简称“肛殖距”）

的缩短和乳头残留等。最近关注的焦点集中在孕期大鼠暴露于邻苯二甲酸酯类物质后，对其雄性后代（子代、二代或三代）的生殖系统发育所产生的影响（Foster 等，2006）。

最新的一份研究报告指出，不仅原先认定的 DEHP 及其代谢产物邻苯二甲酸单（2-乙基己基）酯（MEHP）、DBP 和 BBP 对生殖系统有致畸作用，邻苯二甲酸二异壬酯（DINP）、邻苯二甲酸二异癸酯（DIDP）和邻苯二甲酸二正己酯（DNHP）也有抗雄性激素作用（Lcc，Koo，2007）。研究人员采用上述 7 种邻苯二甲酸酯类化合物对去势 SD 雄性大鼠进行染毒，发现这些化合物均可引起肛殖距的缩短。其作用机制涉及邻苯二甲酸酯类化合物对雄激素、雌激素和类固醇激素受体功能的干扰。在哺乳动物中雄激素信号分子的结构是高度保守和相似的，人类也属于哺乳动物，人类的产妇和胎儿体液中也可检出邻苯二甲酸酯代谢产物，因此可以推断邻苯二甲酸酯会影响人类的生殖发育（Howdeshell 等，2008）。

2. 免疫毒性和佐剂作用

丹麦学者 Larsen 等（2007，2001）采用口饲染毒和气道染毒方法对 BALB/c 小鼠进行毒理学研究，发现 DEHP 虽然不会使小鼠体内产生 DEHP 特异性抗体（即 DEHP 不是过敏原性化合物），但是可以使受白蛋白致敏的小鼠体内白蛋白特异性 IgG1 的生成数量成倍增加，并显示出可靠的剂量-效应关系。他们认为这是一种“佐剂效应”，可以诱导被 DEHP 染毒的动物发生过敏性哮喘。

Yang 等（2008）采用口饲染毒的方法对 Wistar 大鼠进行毒理学研究，发现 DEHP 不但会使受白蛋白致敏的大鼠肺泡灌洗液中嗜酸性粒细胞数量增加，还使它们的气道阻力增加，肺组织切片呈现出明显的迟发相炎症反应，同时这三项指标都显示出明显的剂量-效应关系。结果说明 DEHP 表现出明显的免疫毒性，其作用机制为“佐剂作用”，即可以增强机体对过敏原（如白蛋白）的应答能力。

3. 肝脏毒性和致癌作用

在环境毒理学研究中，通常通过观察动物肝脏过氧化物酶体的体积、数量及过氧化物酶体增生物激活受体（Peroxisome Proliferator - Activated Receptor，PPARs）的变化来了解外源性化合物是否具有肝脏毒性。许多环境污染物都能够引起啮齿类动物肝脏过氧化物酶体的增生，如果引起了过氧化物酶体体积和数量的增加，就会导致肝肿大或肝癌等。邻苯二甲酸酯类也是一种过氧化物酶体增生物（Peroxisome Proliferator，PP），对大鼠染毒时，可观察到大鼠体内过氧化物酶体增生物激活受体的增加（Bility 等，2004）。

研究表明，DEHP 可导致大鼠和小鼠恶性肝细胞肿瘤。Kluwe 等（1982）曾对 Fischer 344 大鼠和 B6C3F1 小鼠进行了为期 103 周的慢性长期毒性实验，结果雌性大小鼠和雄性小鼠肝细胞癌发生率显著增高，雌性大鼠肝细胞癌和瘤样结节发生率明显增加，并且有近1/3小鼠（20/57）的肝癌转移至肺部；Rao等（1990）发现，20g/kg DEHP喂饲14只雄性Fischer 344大鼠共108周，肿瘤发生率为78.5%（11/14），而对照组仅为10%（1/10）。然而，由于DEHP在啮齿类动物和其他哺乳动物体内代谢途径不同，因此许多人怀疑大、小鼠作为致癌性动物实验模型及将该类实验结果外推至人类是否合适。Bichet等（1990）发现，DEHP的主要代谢产物MEHP并不能使体外培养的人肝细胞的过氧化物酶的活力增强，因此，当前对于DEHP是否对人类具有致肝癌作用，还有许多不同的看法。

1.2　人群流行病学研究

2000年之前邻苯二甲酸酯与人体健康关系的流行病学研究非常少见。然而2000年以后出现了一批高质量的人群流行病学研究报告，并提出一系列敏感可靠的生物标志物，客观地反映出邻苯二甲酸酯对人类的危害。通过人群流行病学研究发现，邻苯二甲酸酯暴露所致人类的健康问题主要包括：①男婴生殖器官发育畸形；②女童乳房发育早熟症；③儿童持久性过敏症；④成年男性肺功能减退；⑤成年男性肥胖症与糖尿病；⑥成年男性甲状腺功能减退。现分述如下。

1. *男婴生殖器官发育畸形*

人类男婴生殖器官发育畸形与实验动物的“邻苯二甲酸酯综合征（phthalate syndrome）”具有平行性，是邻苯二甲酸酯类化合物的生殖发育毒性带给人类健康不良影响的最直接证据。2005年美国Rochester大学的Swan等针对134名2~36个月龄的男性婴儿进行流行病学研究，以母亲产前尿液中邻苯二甲酸酯单体含量为暴露标志物，以生殖系统畸形为效应指标，研究结果显示，人类胎儿期暴露于邻苯二甲酸酯可引起男性婴儿生殖系统畸形，指标包括肛殖距缩短（shorter anogenital distance）、阴茎短小（reduced penile size）、睾丸发育不全（incomplete testicular descent）等。这一研究成果证明了孕妇产前暴露于环境浓度水平的邻苯二甲酸酯可使男婴生殖系统出现畸形的科学假说。

2. *女童乳房发育早熟症*

乳房发育早熟症（premature breast development）指的是年龄小于8岁女童出现的单纯性乳腺组织增生，而没有其他类型的性早熟体征。为了找出波多黎各地区女童乳房发育早熟症高发现象的原因，Colon等（2000）对波多黎各地区的76

名女童（41名乳房发育早熟症患者；35名健康对照者）进行了流行病学调查。对76名女童的血样分析发现，血样中均不含杀虫剂及其代谢产物；但是41名患者中有28名患者（68%）血样中检出了高水平的邻苯二甲酸酯（DBP、DEP、BBP、DEHP）和代谢产物MEHP；而35名健康对照者之中，仅有1名的血样检出高水平的邻苯二甲酸酯。研究结果表明，波多黎各地区女童乳房发育早熟症与邻苯二甲酸酯化合物的暴露可能存在一定的联系，并且研究者认为在乳房发育早熟症病例体内邻苯二甲酸酯起到了类雌激素作用和抗雄性激素作用。

3. 儿童持久性过敏症

历经3年，瑞典学者Bornehag等（2004）完成了一项巢式病例对照流行病学研究。通过对10852名瑞典儿童（3~8岁）的前瞻队列流行病学研究，共确诊198例儿童持久性过敏症（persistent allergic symptoms in children）患者，并按照统计学原则从中挑选202名健康儿童作为对照人群。在此项研究中“儿童持久性过敏症”的执行定义为同时满足下列两项诊断标准的患者：①在初次问卷调查中，同时具有湿疹、哮喘、鼻炎3项症状中2项症状者；②在1.5年后的再次问卷调查中，同时具有湿疹、哮喘、鼻炎3项症状中2项症状者。研究发现：患者卧室降尘中BBP含量（0.15mg/g）显著高于对照者（0.12mg/g）；卧室降尘中BBP的含量与儿童过敏性鼻炎显著相关（$p=0.001$），也与湿疹显著相关（$p=0.001$）；卧室降尘中DEHP的含量与儿童哮喘病显著相关（$p=0.022$）；家庭降尘中邻苯二甲酸酯含量与儿童持久性过敏症之间的剂量-效应关系得到统计学趋势分析的支持。

Kolarik等（2008）在保加利亚完成了一项类似的巢式病例对照流行病学研究。研究对象包括102名儿童（2~7岁）持久性过敏症患者和82名正常对照者；邻苯二甲酸酯的暴露剂量通过测量儿童卧室降尘中DMP、DEP、DBP、BBP、DEHP和DNOP的含量。结果表明：患者的卧室降尘中DEHP含量（1.24mg/g）高于对照者（0.86mg/g）；降尘中DEHP含量与儿童哮喘之间有显著性联系（$p=0.035$）；降尘中DEHP含量与儿童哮喘的病情程度之间呈剂量-反应关系。

上述两项研究不但揭示了邻苯二甲酸酯化合物与儿童过敏性疾病的关系，还发现除了经食物和饮水途径的暴露可对人体健康造成危害之外，通过降尘的吸入，邻苯二甲酸酯也可以对人体健康造成危害。

4. 成年男性肺功能减退

Hoppin等（2004）应用美国1988—1994年全国性居民健康和营养调查（National Health and Nutrition Examination Survey，NHANES）的数据，以240名成人（女性140名，男性100名）为研究对象，对尿液中邻苯二甲酸酯代谢产物

[邻苯二甲酸单丁酯（MBP）、邻苯二甲酸单乙酯（MEP）和MEHP]的含量与肺功能[最大肺活量（Forced Vital Capacity，FVC）、1秒用力呼气量（Forced Expiratory Volume at 1 sec，FEV1）、最大呼气流量（Peak Expiratory Flow，PEF）]之间作多元线形回归分析。回归模型的控制因素包括种族、年龄、站高、体质指数、吸烟年龄、吸烟状况。研究发现邻苯二甲酸酯暴露与成年男性肺功能减退（decrements of pulmonary function）有统计学联系：尿液中MBP含量与3项肺功能指标（FVC、FEV1、PEF）的降低存在显著性联系；尿液中MEP含量升高与男性成人2项肺功能指标（FVC、FEV1）的降低存在显著性联系；尿液中MEHP含量对成人肺功能指标没有影响。

5. 成年男性肥胖症与糖尿病

Stahlhut等（2007）用美国1999—2002年全国健康和营养调查（NHANES）的数据，以651名具有双向检测数据（邻苯二甲酸酯暴露和肥胖症或者邻苯二甲酸酯暴露和糖尿病）的成年男性为研究对象，对尿液中邻苯二甲酸酯代谢产物MBP、MEP、MEHP、邻苯二甲酸单苄酯（MBzP）、邻苯二甲酸单（2-乙基-5-羟基己基）酯（MEHHP）和邻苯二甲酸单（2-乙基-5-羰基己基）酯（MEOHP）的含量与腹部肥胖症指标（腰围）以及糖尿病指标（胰岛素抗性）之间进行多元线形回归分析。回归模型Ⅰ的控制因素包括：年龄、种族、脂肪度、总卡路里耗量、体育运动水平、吸烟（血清可替宁）、尿液肌酐含量。回归模型Ⅱ的控制因素在模型Ⅰ的基础上另加肾功能和肝功能。研究发现邻苯二甲酸酯的暴露与肥胖症和糖尿病的生物学指标之间有统计学联系：4种邻苯二甲酸酯的代谢产物（MBzP、MEHHP、MEOHP、MEP）与腰围增加有关（$p=0.013$）；3种邻苯二甲酸酯的代谢产物（MBP、MBzP、MEP）与胰岛素抗性增加有关（$p=0.011$）。应用回归模型Ⅱ时，除了MBP与胰岛素抗性，其他的统计学联系仍然成立。

6. 成年男性甲状腺功能减退

美国学者Meeker等（2007）发现，有关邻苯二甲酸酯暴露与动物甲状腺功能关系的研究中，还缺少人类的数据，因此他们选择来自于美国马萨诸塞州总医院（Massachusetts General Hospital）408名18~55岁的成年男性为研究对象进行了一项研究。这些人曾作为合作者参与了2000—2005年的一项环境因素与生殖毒性的流行病学研究。Meeker等检测了研究对象尿液中DEHP和它的代谢产物MEHP的含量，同时检测了血清中游离甲状腺素（T_4）、碘甲状腺氨酸（T_3）和促甲状腺激素（TSH）。研究发现：血清中T_3和T_4含量的降低与人体尿液中MEHP含量的增加有关，结果显示邻苯二甲酸酯的暴露与现代成年男性甲状腺功能减退可能存在联系。

1.3 小结

作为邻苯二甲酸酯化合物的最大生产和消费国，同时在环境污染范围不断扩大、污染水平节节攀升的情况下，如何及时正确地认识其危害，并制定有效的控制措施，是对科研工作者的一项挑战。

虽然流行病学研究是人类健康风险评估的“金标”，但是存在的问题包括：①耗资昂贵（每项高质量的研究报告需耗资百万人民币）；②进程缓慢（每项有关人类健康的队列研究最少也需要5年的时间）；③不具备对生物效应（终点效应）阈剂量的评价能力。因此，在进行相关的流行病学研究时，有必要进行毒作用机制和因果关系的动物毒理学研究，起到互相补充印证的作用。

此外，邻苯二甲酸酯毒理学研究有几个需要考虑的问题：

1）剂量－效应线性关系的确认。通常对邻苯二甲酸酯的毒理学研究采用的是远高于真实环境中含量的暴露剂量，如果剂量效应是非线性的，将无法有效推导出正确的阈剂量，也无法确定人群的健康基准值。

2）借助分子生物学的检测技术。现代分子生物学检测技术具有高度的敏感性，常常可以发现真实环境中含量的暴露所致的健康危害，直接采用真实环境中含量染毒进行毒理学研究，可能是未来毒理学研究的一个重要策略。

3）对多种邻苯二甲酸酯的联合毒性进行检测。人们生活的环境中存在多种邻苯二甲酸酯，而过去的毒理学研究一直以一种邻苯二甲酸酯暴露为基本策略，显然这与真实情况有所出入，因此有必要进行联合毒性的毒理学检测，并探讨相关的等效归一剂量。

参考文献

[1] 董夫银，闫杰. 欧盟及美国禁用邻苯二甲酸酯的法规及其出台始末［J］. 检验检疫科学，2006，16（3）：78－80.

[2] BICHET N，CAHARD D，FABRE G，et al. Toxicological studies on a benzofuran derivatives. 3. Comparision of peroxisome proliferation in rat and human hepatocytes in primary culture［J］. Toxicology and Applied Pharmacology，1990，106（3）：509－517.

[3] BILITY M T，THOMPSON J T，MCKEE R H，et al. Activation of mouse and human peroxisome proliferator－activated receptors（PPARs）by phthalate monoesters［J］. Toxicol Sci，2004，

82: 170 - 182.

[4] BORNEHAG C G, SUNDELL J, WESCHLER C J, et al. The association between asthma and allergic symptoms in children and phthalates in house dust: A nested case - control study [J]. Environmental Health Perspectives, 2004, 112: 1393 - 1397.

[5] CDC. Third national report on human exposure to environmental chemicals [R]. US Department of Health and Human Services, Centers for Disease Control and Prevention, National Center for Environmental Health, Division of Laboratory Sciences, Atlanta, GA, 2005.

[6] COLON I, CARO D, BOURDONY C J, et al. Identification of phthalate esters in the serum of young Puerto Rican girls with premature breast development [J]. Environmental Health Perspectives, 2000, 108: 895 - 900.

[7] FOSTER P M, GRAY E, LEFFERS H, et al. Disruption of reproductive development in male rat offspring following in utero exposure to phthalate esters [J]. International Journal of Andrology, 2006, 29: 140 - 147.

[8] HOPPIN J A, ULMER R, LONDON S J. Phthalate exposure and pulmonary function [J]. Environmental Health Perspectives, 2004, 112: 571 - 574.

[9] HOWDESHELL K L, RIDER C V, WILSON V S, et al. Mechanisms of action of phthalate esters, individually and in combination, to induce abnormal reproductive development in laboratory rats [J]. Environmental Research, 2008, 108: 168 - 176.

[10] KLUWE W M, HASEMAN J K, DOUGLAS J F, et al. The carcinogenicity of dietary di (2 - ethylhexyl) phthalate (DEHP) in Fischer 344 rats an1d B6C3F1 mice [J]. Journal of Toxicology and Environmental Health, 1982, 10 (4 - 5): 797 - 815.

[11] KOLARIK B, NAYDENOV K, LARSSON M, et al. The association between phthalates in dust and allergic diseases among Bulgarian children [J]. Environmental Health Perspectives, 2008, 116: 98 - 103.

[12] LARSEN S T, HANSEN J S, HANSEN E K, et al. Airway inflammation and adjuvant effect after repeated airborne exposures to di - (2 - ethylhexyl) phthalate and ovalbumin in BALB/c mice [J]. Toxicology, 2007, 235: 119 - 129.

[13] LARSEN S T, LUND R M, NIELSEN G D, et al. Di - (2 - ethylhexyl) phthalate possesses an adjuvant effect in a subcutaneous injection model with BALB/c mice [J]. Toxicology Letters, 2001, 125: 11 - 18.

[14] LEE B M, KOO H J. Hershberger assay for antiandrogenic effects of phthalates [J]. Journal of Toxicology and Environmental Health, 2007, 70: 1365 - 1370.

[15] MEEKER J D, CALAFAT A M, HAUSER R. Di (2 - ethylhexyl) phthalate metabolites may alter thyroid hormone levels in men [J]. Environmental Health Perspectives, 2007, 115: 1029 - 1034.

[16] RAO M S, YELDANDI A V, SUBBARAO V. Quantitative - analysis of hepatocellular lesions

induced by di (2 - ethylhexyl) phthalate in F344 rats [J]. Journal of Toxicology and Environmental Health, 1990, 30 (2): 85 - 89.
[17] STAHLHUT R W, VAN WIJNGAARDEN E, DYE T D, et al. Concentrations of urinary phthalate metabolites are associated with increased waist circumference and insulin resistance in adult US males [J]. Environmental Health Perspectives, 2007, 115: 876 - 882.
[18] SWAN S H, MAIN K M, LIU F, et al. Decrease in anogenital distance among male infants with prenatal phthalate exposure [J]. Environmental Health Perspectives, 2005, 113: 1056 - 1061.
[19] YANG G, QIAO Y, LI B, et al. Adjuvant effect of di - (2 - ethylhexyl) phthalate on asthma - like pathological changes in ovalbumin - immunised rats [J]. Food and Agricultural Immunology, 2008, 19: 351 - 362.

第 2 章

室内邻苯二甲酸酯的源

邻苯二甲酸酯被广泛用于各种材料中，如软质聚氯乙烯（PVC）薄膜、板材、PVC 人造革、壁纸、地板革、软管和电线绝缘层，还可用于涂料和黏合剂等。

2.1 装饰装修材料

2.1.1 对象和分析测试方法

在某建材市场随机购买 4 种 PVC 墙纸和 4 种 PVC 地板，如图 2-1 和图 2-2 所示。每种材料各取 1g 左右，用下面的实验方法进行测试。每种材料至少测试两次。

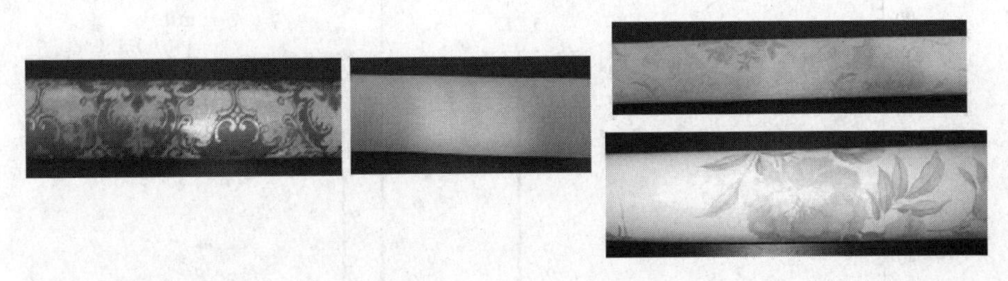

图 2-1　4 种 PVC 墙纸

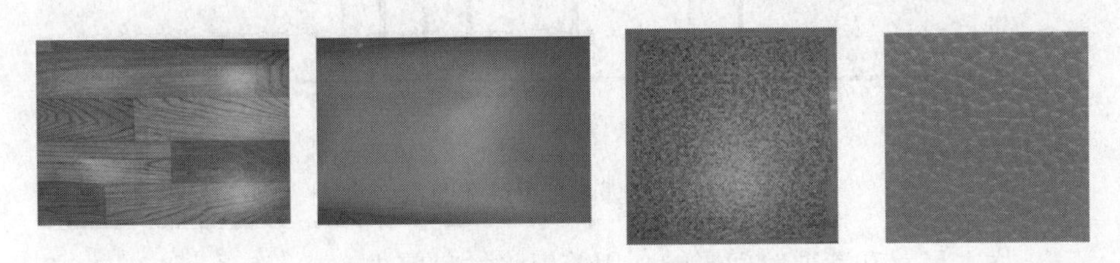

图 2-2　4 种 PVC 地板

1）前处理过程。前处理过程共包括4个步骤：第一步，索氏萃取。将样品放入150mL索氏萃取器中，然后加入120mL色谱纯二氯甲烷（Mreda Technology Inc.，USA），在70℃恒温水浴条件下萃取6h；第二步，待溶液冷却后，将萃取液转移至旋转蒸发仪中，将萃取液蒸发至大约10mL，然后用25mL容量瓶进行定容；第三步，仪器分析前将定容后的萃取液用0.45μm有机微孔过滤头进行净化。第四步，用GC－MS（DSG，Thermo－Fisher）分析净化后的萃取液。

2）仪器分析条件。选择离子模式（SIM）；色谱柱为AB－5MS（30m×0.25mm×0.25um），初始柱温为60℃，保持2min后，升温速率为10℃/min，最终柱温为300℃，保持20min；载气为氦气，流速为20mL/min；不分流进样；离子源为EI电离源，温度为250℃；离子能量为70eV；扫描速率为1000Cps（C/s），扫描模式为全扫描，扫描范围为35.0～650amu。

采用外标法对样品中的邻苯二甲酸酯进行定性和定量分析，邻苯二甲酸酯的标准液体购自环境保护部标准样品研究所，共6种邻苯二甲酸酯，分别是DMP、DEP、DnBP、DEHP、BBzP和DnOP。标准液体的初始质量浓度（简称浓度）为1000μg/mL，将初始标液稀释成5种浓度，分别是5μg/mL、10μg/mL、25μg/mL、50μg/mL和100μg/mL，用于制作邻苯二甲酸酯的标准曲线。这6种邻苯二甲酸酯的色谱图如图2-3所示，标准曲线线性方程及相关系数见表2-1，各标准曲线的相关系数均大于0.97，线性较好。

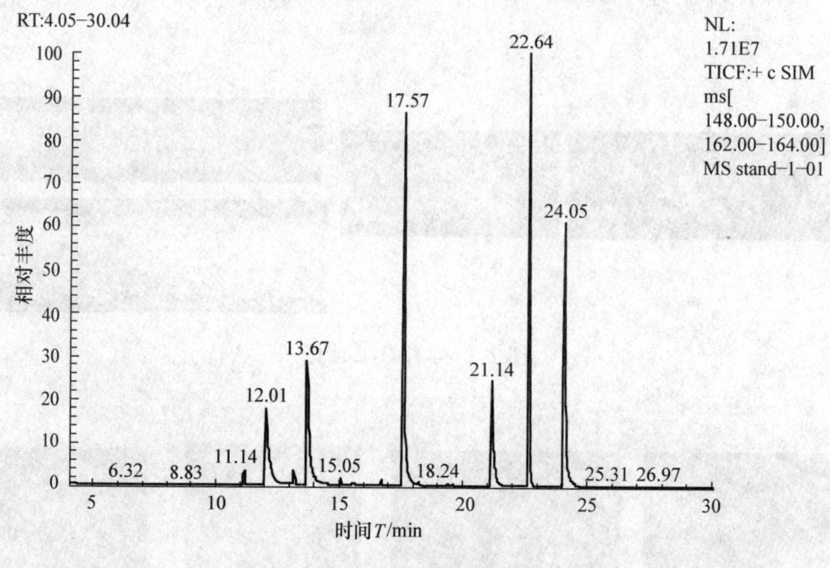

图2-3　6种邻苯二甲酸酯的色谱图

3）样本尺寸和萃取时间影响。用剪刀将材料剪成5mm×5mm和2mm×2mm

大小的样本，然后按所述实验方法，将不同尺寸的样本各萃取6h和12h，然后浓缩、定容和过滤后，按上述测试条件用GC－MS进行分析，每个样本均重复测试两次取平均值，测试结果见表2-2。

表2-1　邻苯二甲酸酯标准曲线

邻苯二甲酸酯	线性方程	相关系数 R^2
DMP	$y=2.89E+05x$	0.9711
DEP	$y=3.43E+05x$	0.9754
DnBP	$y=6.07E+05x$	0.9828
BBzP	$y=1.77E+05x$	0.9803
DEHP	$y=1.96E+05x$	0.9965
DnOP	$y=4.08E+05x$	0.9825

表2-2　不同样本尺寸和萃取时间的测试结果

萃取时间	试样大小	DEHP的质量分数（%）	DnBP的质量分数（%）
6h	5mm×5mm	2.82	0.215
12h	5mm×5mm	4.21	0.297
6h	2mm×2mm	3.92	0.243
12h	2mm×2mm	3.66	0.213

分析以上结果可知：①当样本尺寸为5mm×5mm时，萃取时间对测试结果影响较大，萃取12h测得的DEHP含量比6h增加了49.3%，萃取12h测得的DnBP含量比6h增加了38.1%；但是样本尺寸为2mm×2mm时，萃取时间对测试结果的影响较小。②对于2mm×2mm的样本，萃取12h比萃取6h测得的DEHP和DBP含量分别低7%和14%，这可能是实验过程中人为误差和仪器误差所导致。综上所述，本研究样本尺寸和萃取时间分别选取2mm×2mm和6h。

4）回收率实验。将一定量的邻苯二甲酸酯标液注入萃取瓶中，然后用上述前处理和分析方法进行测定，比较测试结果和真实值即可得回收率。测试结果表明本实验方法的回收率为70%～112%，在可接受范围之内，因此该实验方法可行。

5）质量控制和质量保证。整个实验过程中均使用玻璃仪器，并且这些仪器在使用前均在300℃条件下烘烤4h；试剂和实验室空白均未检出邻苯二甲酸酯。

2.1.2 邻苯二甲酸酯的含量

测试结果见表2-3。PVC墙纸中只检出DEHP，其含量为0.134～200mg/g，相对标准偏差为7.5%～23%；PVC地板中检出DnBP和DEHP，其含量分别为nd（未检出）～14.4mg/g和69.1～230mg/g，相对标准偏差小于23%。

表2-3　墙纸和地板中邻苯二甲酸酯的含量　　（单位：mg/g）

材料	DMP	DEP	DnBP	BBzP	DEHP	DnOP
墙纸1	/	/	/	/	2.35±0.28	/
墙纸2	/	/	/	/	0.13±0.031	/
墙纸3	/	/	/	/	200±15	/
墙纸4	/	/	/	/	44.4±8.7	/
PVC地板1	/	/	6.86±0.53	/	126±21	/
PVC地板2	/	/	14.4±2.1	/	124±18	/
PVC地板3	/	/	/	/	69.1±15.7	/
PVC地板4	/	/	/	/	230±22	/

注：/为未检出。

在这8种PVC材料中只有DEHP的检出率为100%，DnBP的检出率为25%，其余4种邻苯二甲酸酯均未检出，表明DEHP是这些材料中最主要的邻苯二甲酸酯。

PVC地板和墙纸中均含有DEHP，其含量最高可达23%，这些PVC材料是室内邻苯二甲酸酯非常重要的污染源。由于DEHP可从这些材料散发出来，进而对人体健康造成危害，因此在装饰装修过程中尽可能减少使用这些含有DEHP的装饰装修材料。

2.2 个人护理品

化妆品是最主要的个人护理品。在化妆品中添加邻苯二甲酸酯是为了提高化妆品的某些性能，如用在指甲油中能降低其脆性而避免碎裂，用在发胶中会在头发表面形成柔韧的膜而避免头发僵硬，用在皮肤上可增加皮肤的柔顺感，用在洗涤用品中可增强其对皮肤的渗透性；另外，邻苯二甲酸酯可作为一些产品的溶剂和芳香的固定液（李洁等，2010）。

李洁等（2010）对市场送检或抽检的化妆品样品115件进行了邻苯二甲酸酯含量的测定，包括13件香水，68件护肤保湿类产品，20件香波洗涤护发类产品，其他类14件。测试结果表明，DMP在所有的样品中都未检出；检出含有DEP的化妆品29件，检出率25.2%，含量为3.9～4348.2mg/kg；检出含有DnBP的化妆品14件，检出率为12.2%，含量为3.4～1383.6mg/kg；检出含有DEHP的化妆品25件，检出率为21.7%，含量为2.5～1342.0mg/kg。这些样品中香水中的DEP含量较高，为245.6～3959.6mg/kg。

易路遥等（2017）在77批次婴幼儿洗护用品中共检出41批样本至少含有DnBP、BBzP和DEHP其中1种，检出率达53.25%；其中DEHP的检出率最高，为46.75%，含量大于1.0mg/kg的样品占11.10%，其余样品的含量均在0.1～1.0mg/kg范围内，平均含量为1.79mg/kg，远远超出检出限；其次是DnBP，检出率为23.38%，含量在0.05～1.23mg/kg范围内，平均含量为0.31mg/kg；检出率最低的是BBzP，检出率为5.19%，含量在0.07～0.13mg/kg范围内，平均含量为0.09mg/kg。

杨柳等（2014）采集99种上海市场上出售的化妆品作为检测样本，包括进口、出口及国产的多个品牌，其中包括香水10种，护发产品28种，护肤（包括手部、身体及面部）产品47种，护甲产品（指甲油和洗甲水）14种，分析这些化妆品中邻苯二甲酸酯的含量，结果表明，17种受检的邻苯二甲酸酯中，有10种至少在1种化妆品样品中被检出，其余7种（包括DEEP、DPP、DHXP、BBP、DBEP、DINP和DIDP）在全部的99种受检化妆品中均未检出。10种被检出的邻苯二甲酸酯中，检出率最高的是DEP，高达48.5%，其次为DMEP，检出率为10.1%，化妆品中不允许使用的DBP和DEHP分别有3种和2种化妆品被检出，检出率分别为3%和2%。检出率较高的DEP和DMEP在99种化妆品中检出值的几何均数分别为4.4 mg/kg和4.8 mg/kg，DBP和DEHP由于检出率偏低，几何均数分别为0.6 mg/kg和1.1 mg/kg。DEP在香水中检测水平最高，均值为32.3mg/kg；其次为护肤产品，检出率达53.2%，均值为4.4mg/kg。DMEP仅在护发和护肤产品中检出，检出率分别为14.3%和12.8%，均值分别为5.3和5.4mg/kg；DPHP仅在护肤和护甲产品中检出，检出率分别为10.6%和7.1%，均值均为1.2mg/kg。

Guo等（2014）研究了购买自中国天津的52个化妆品样品中9种PAEs的含量。研究发现，DEP拥有最高的检出率，为54%；其余邻苯二甲酸酯（DnBP、DiBP、DEHP）的检出率低于30%，DMP、DnHP和BBzP检出率极低，

DnOP 与 DCHP 未被检出。5 类化妆品（面霜、身体与手润肤乳、洁面膏、洗发露、沐浴露）中，乳霜类样品中 DEP 的检出率最高，大于 60%，而洗发样品中 DEP 的浓度最低。

李佳等（2014）采集个人护理品样品 101 个，其中身体乳 9 个、沐浴露 14 个、洁面乳 15 个，面部护理乳液 13 个、面霜 5 个、护手霜 7 个、护肤水 11 个、化妆品 12 个、洗发水 16 个。分析测试结果表明，在所有样品中共有 89 个样品检出至少一种邻苯二甲酸酯，总检出率为 88%，PAEs 的总含量为 LOD（检测限）~231 mg/kg。其中有 12 个样品中 7 种 PAEs 均有检出。DEP 的检出率最高，为 64%，浓度范围是 LOD（检测限）~230mg/kg，检出含有 DnBP 的化妆品 40 个，检出率为 40%，含量在 LOD（检测限）~7. 8mg/kg。检出含有 DEHP 的化妆品 36 个，检出率 36%，含量在 LOD（检测限）~54. 4mg/kg，其余 4 种邻苯二甲酸酯（DMP、BBzP、DiBP、DnOP）检出率很低，分别为 18%、4%、11% 和 4%。

Koo 等（2004）在韩国首尔零售店中购买 102 个化妆品样品，分析其中含有的 4 种邻苯二甲酸酯（DEP、DnBP、DEHP 和 BBzP）含量水平。结果表明，香水中 DEP 检出率最高，DnBP 次之。指甲油中 DnBP 检出率最高。护发类与香体露样品中，仅 DEP 有少量检出，且护发类中 DEP 含量较低。

Koniecki 等（2011）检测了加拿大零售店中 252 个化妆品样品中 18 种邻苯二甲酸酯的含量，仅 5 种邻苯二甲酸酯有一定程度检出，按照检出率由高到低分别为：DEP、DnBP、DiBP、DEHP、DMP。香水与护发类样品中 DEP 检出率均相当高，为 70%，但护发类样品中 DEP 的含量远低于香水类。香体露与身体乳液中 DEP 的检出率分别为 45% 和 34%。指甲油中没有 DEP 检出，而 DnBP 与 DEHP 在指甲油样品中检出的含量较高，在其他样品中检出的含量较低。DiBP 在所有样品中的检出的含量均低于 10. 0mg/kg，DMP 仅在一个香体露样品中有检出。

2. 3 玩具

儿童玩具种类样式多样，种类丰富，是儿童日常密切接触的物品，不过其中添加的邻苯二甲酸酯逐渐已经引起人们的关注和重视，中国、美国、欧盟、加拿大等国家已经针对儿童玩具里含有的邻苯二甲酸酯做了严格限制，见表 2-4。欧盟、加拿大和中国对儿童玩具及儿童护理产品中的邻苯二甲酸酯限制种类有 6

种，美国标准对邻苯二甲酸酯的限制种类是8种。

表2-4　各国对玩具及儿童用品中邻苯二甲酸酯类物质的限制要求

国别	法规/标准	适用产品范围	限制要求
中国	《玩具安全第1部分：基本规范》（GB 6675.1—2014）	14岁以下儿童玩具及36个月以下儿童护理产品	（1）所有儿童玩具和儿童护理产品中DnBP、BBzP、DEHP总含量不得超过0.1% （2）可放入口中的玩具和儿童护理产品中DNOP、DINP、DIDP的总含量不得超过0.1%
欧盟	欧盟REACH法规附件XⅦ	14岁以下儿童玩具及36个月以下儿童护理产品	（1）所有儿童玩具和儿童护理产品中DnBP、BBzP、DEHP的含量都不得超过0.1% （2）可放入口中的玩具和儿童护理产品中DNOP、DINP、DIDP的含量都不得超过0.1%
加拿大	消费品安全法案（CCPSA）	14岁以下儿童玩具及4岁以下儿童护理产品中的乙烯基材料	（1）所有儿童玩具和儿童护理产品中DnBP、BBzP、DEHP的含量都不得超过0.1% （2）可放入口中的玩具和儿童护理产品中DNOP、DINP、DIDP的含量都不得超过0.1%
美国	消费品安全改进法案（CPSIA）	12岁以下儿童玩具产品及3岁以下护理产品	所有儿童玩具和儿童护理品中DiBP、DnBP、BBzP、DEHP、DINP、DCHP、DHEXP、DPENP的含量都不得超过0.1%

蔡云梅等（2014）在市场销售的儿童玩具中随机采购了9个样品，检测结果表明只有一个样品没有检出邻苯二甲酸酯，有2个样品检出DnBP，含量分别为63mg/kg和890mg/kg，有7个检出BBzP，含量为98～156449mg/kg，有5个样品检出DEHP，含量为14～20261mg/kg，有3个检出DNOP，含量为237～128516mg/kg，有8个样品检出DINP，含量为80～128009mg/kg，有3个检出DNOP，含量为1609～10422mg/kg。

杜庆璋（2015）对150个玩具样品进行检测，结果表明29个样品被检出邻苯二甲酸酯，检出率达到19.3%；并将这些玩具样品分成5类，邻苯二甲酸酯检出率最高的是塑胶玩具，高达30.0%，其次是木制玩具、纸质玩具和装饰玩具，检出率分别为23.3%、20.0%和16.6%，而毛绒玩具的检出率最低，为6.6%。毛绒玩具检出了DnBP和DEHP，含量为68～356mg/kg；塑胶玩具检出了 DnBP、DEHP 和 DINP，含量为 56～37700mg/kg；装饰玩具中检出了 DnBP 和 DEHP，含量为 65～462mg/kg；木制玩具中检出了 DnBP、DEHP 和 DIDP，含量为 62～270mg/kg；纸质玩具中检出了 DnBP、DEHP 和 DIDP，含量为 61～186mg/kg。

Stringe 等（2010）检测分析了 17 个国家的共 72 种儿童玩具含有的邻苯二甲酸酯类型及含量，其中包含了 64 种 PVC 材料或含有 PVC 的材料，结果显示儿童玩具里均含有邻苯二甲酸酯，其中最为常见的是 DINP 和 DEHP；此外，在一些国家的玩具中 DIDP 的含量很高。

2.4 小结

综上所述，室内装饰装修材料、个人护理产品及玩具中均含有一种或多种邻苯二甲酸酯，且其在这些材料中的含量较高。这些材料和物品在使用过程中，邻苯二甲酸酯会释放到空气中并可吸附在颗粒物和室内表面，进而通过多种途径进入人体，对人体健康造成危害。目前，针对室内物品和材料中邻苯二甲酸酯的含量检测数据还很有限，由于室内物品和材料多种多样，为使公众能够了解对购买的材料和物品中邻苯二甲酸酯的种类和含量，应该加强对室内材料和物品中邻苯二甲酸酯含量的检测工作。

参考文献

[1] 蔡云梅，吕选．儿童玩具中邻苯二甲酸酯的测定［J］．广东化工，2014，41（18）：171－172.

[2] 杜庆璋．五类玩具中重金属及邻苯二甲酸酯类（PAEs）的暴露风险评价［D］．华东理工大学，2015.

[3] 李佳．室内降尘与个人护理品中邻苯二甲酸酯的分析研究［D］．哈尔滨工业大学．2014.

[4] 李洁，郑和辉，柳玉红．化妆品中检出邻苯二甲酸酯情况的调查［J］．首都公共卫生，2010，4（1）：39－40.

[5] 杨柳，王敏，杨捷琳，等．化妆品中邻苯二甲酸酯类物质对女大学生的累积暴露风险评估［J］．环境与职业医学，2014，31（1）：1－6.

[6] 易路遥，刘绪平，张春华，等．婴幼儿洗护用品中 3 种邻苯二甲酸酯污染状况调查［J］．现代预防医学，2017，44（12）：2171－2174.

[7] GUO Y，WANG L，KANNAN K．Phthalates and parabens in personal care products from China：concentrations and human exposure［J］．Archives of Environmental Contamination and Toxicology，2014，66（1）：113－119.

[8] KONIECKI D，WANG R，MOODY R P，et al．Phthalates in cosmetic and personal care prod-

ucts: concentrations and possible dermal exposure [J]. Environmental Research, 2011, 111 (3): 329 - 336.

[9] KOO H J, LEE B M. Estimated exposure to phthalates in cosmetics and risk assessment [J]. Journal of Toxicology and Environmental Health, Part A, 2004, 67 (23 - 24): 1901 - 1914.

[10] STRINGER R, LABUNSKA I, SANTILLO D, et al. Concentrations of phthalate esters and identification of other additives in PVC children's toys [J]. Environmental Science and Pollution Research. 2000, 7 (1): 27 - 36.

第 3 章

典型室内环境邻苯二甲酸酯非膳食暴露

城市化和现代化导致室内使用许多合成材料，从而影响了我国的公众健康（Zhang 等，2013b）。邻苯二甲酸酯广泛用作增塑剂，以增强材料的柔韧性和延展性。流行病学研究表明，邻苯二甲酸酯可能对人类产生不良健康影响，尤其是内分泌失调（Sharp，2005），包括乳房过早发育和妊娠损失（Wolff 等，2010；Toft 等，2012），男性生殖系统异常（Adibi 等，2003；Swan 等，2005），精子质量下降和男婴肛门生殖器距离降低（Hauser 等，2006，2007；Liu 等，2012；Bornehag 等，2015；Koch 等，2011），男性肺功能下降（Hoppin，2004）。其他不良健康影响包括甲状腺激素含量变化（Meeker 等，2007）和代谢紊乱（Stahlhut 等，2007）。此外，一些研究发现儿童哮喘和过敏症状与家庭中的邻苯二甲酸酯之间存在相关性（Øie 等，1997；Bornehag 等，2004；Hsu 等，2012；Whyatt 等，2012；Callesen 等，2014；Ait Bamai 等，2014a，2016；Bekö 等，2015）。

邻苯二甲酸酯与聚合物非化学键合，因此可逐渐释放到室内环境中，进而转移到多个介质中并在其中进行分配，如空气、颗粒物、降尘和室内材料表面（Weschler，Nazaroff，2008）。室内降尘中的邻苯二甲酸酯含量与其他室内介质（空气、颗粒物和表面）中的含量有关，因此灰尘中的邻苯二甲酸酯可用于估算室内暴露量（Weschler，Nazaroff，2010；Langer 等，2010；Xu 等，2009，2010）。家庭降尘中的邻苯二甲酸酯含量已在一些国家和地区广泛报道（Øie 等，1997；Clausen 等，2003；Rude 等，2003；Fromme 等，2004；Becker 等，2004；Wilson 等，2003；Morgan 等，2004；Abb 等，2009；Langer 等，2010；Hsu 等，2012；Ait Bamai 等，2014a，2014b）。尽管我国邻苯二甲酸酯的消费量很高，但只有少数研究报告了家庭降尘中的邻苯二甲酸酯含量（Lin 等，2009；Guo，Kannan，2011；Tao 等，2013；Wang 等，2012；Zhang 等，2013；Wang 等，2014；Bu 等，2016）。除了家庭之外，办公室、幼儿园和公共场所同样会导致邻苯二甲酸酯暴露。一些研究调查了美国（Wilson 等，2003；Morgan 等，2004；Gaspar 等，2014）和丹麦（Langer 等，2010）日托中心或儿童保育设施中以及我国办公室室内（Lin 等，2009；Wang 等，2014）的邻苯二甲酸酯含量。但是，我国幼儿园的邻苯二甲酸酯含量相关研究较少，且还没有研究报道公共场所（如教室、图书馆和餐馆）的邻苯二甲酸酯含量。因此对于婴儿、成人和儿童，我国不同室内环境中的邻苯二甲酸酯含量和相应的邻苯二甲酸酯每日暴露量尚未得到表征。因此本研究目的是：测量北京四类室内环境降尘中邻苯二甲酸酯的含量，在此基础上估计婴儿、儿童和成人通过降尘口入、吸入和皮肤吸收的每日非膳食摄入量。

3.1 研究对象及方法

3.1.1 邻苯二甲酸酯标准曲线

邻苯二甲酸酯混标购自美国（Cat. No. M－8061－R1，AccuStandard，USA），含有15种邻苯二甲酸酯，其浓度均为1000μg/mL，见表3-1。制作标准曲线时，将混标稀释成10μg/mL、33μg/mL、50μg/mL、66μg/mL和100μg/mL共5种浓度，进样量为1.0μL，每种测试3次，取其平均值绘制标准曲线。DEP、DnBP、DiBP、DEHP和DNP的标准曲线分别如图3-1～图3-5所示，其他邻苯二甲酸酯的标准曲线见表3-2。由图3-1～图3-5和表3-2可知，邻苯二甲酸酯的线性相关系数为0.9884～0.9983。

表3-1 邻苯二甲酸酯的混标

组分	CAS No.
Butyl benzyl phthalate（BBzP）	85－68－7
Di（2－Ethoxyethyl）phthalate（DEEP）	605－54－9
Di（2－Ethylhexyl）phthalate（DEHP）	117－81－7
Di（2－Methoxyethyl）phthalate（DMEP）	117－82－8
Di（2－n－Butoxyethyl）phthalate（DBEP）	117－83－9
Di（4－Methyl－2－pentyl）phthalate（DMPP）	146－50－9
Di－n－octyl phthalate（DnOP）	117－84－0
Dibutyl phthalate（DnBP）	84－74－2
Dicyclohexyl phthalate（DCHP）	84－61－7
Diethyl phthalate（DEP）	84－66－2
Dihexyl phthalate（DHP）	84－75－3
Diisobutyl phthalate（DiBP）	84－69－5
Dimethyl phthalate（DMP）	131－11－3
Dinonyl phthalate（DNP）	84－76－4
Dipentyl phthalate（DPP）	131－18－0

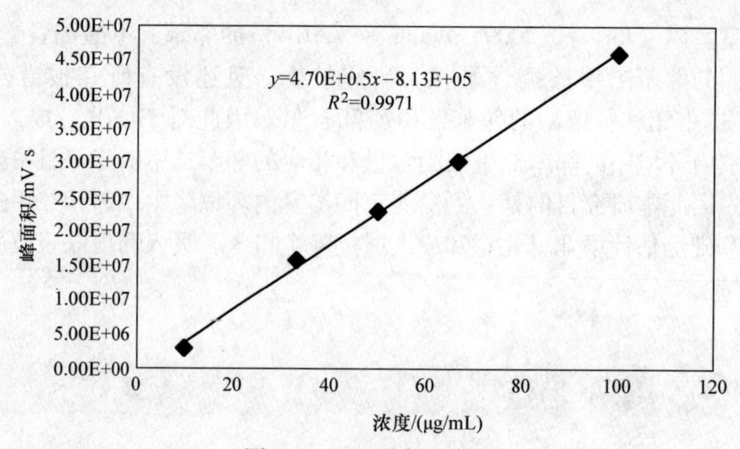

图 3-1　DEP 的标准曲线

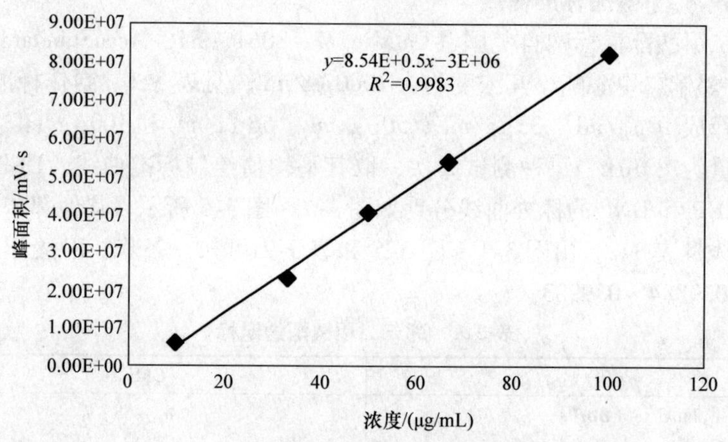

图 3-2　DnBP 的标准曲线

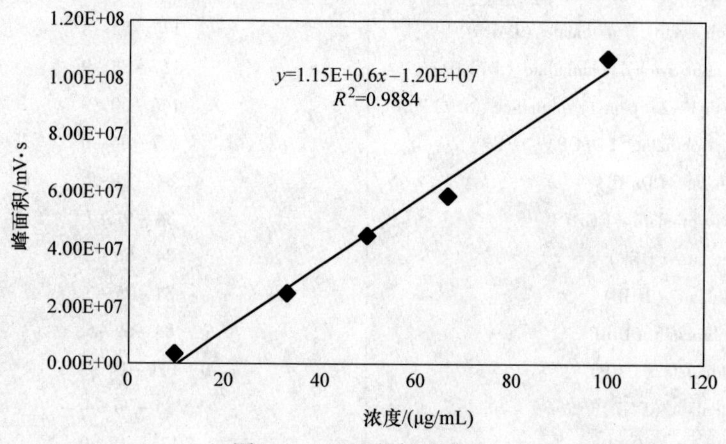

图 3-3　DiBP 的标准曲线

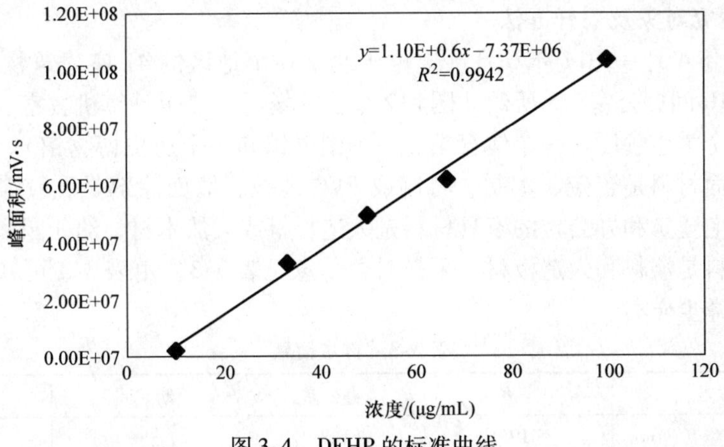

图 3-4　DEHP 的标准曲线

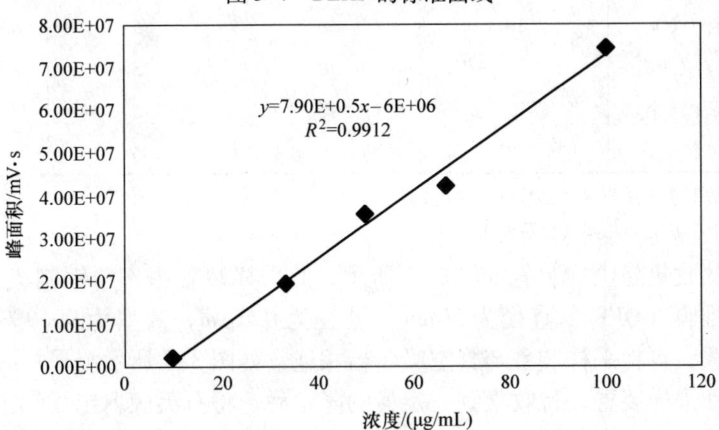

图 3-5　DNP 的标准曲线

表 3-2　其他邻苯二甲酸酯的标准曲线方程

邻苯二甲酸酯	标准曲线	R^2
Dimethyl phthalate	$y=2.56\times10^5x$	0.9939
Di（2 – methoxyethyl） phthalate	$y=2.23\times10^5x-1.66\times10^6$	0.9963
Di（4 – methyl – 2 – pentyl） phthalate	$y=6.61\times10^5x-3.36\times10^6$	0.9927
Di（2 – ethoxyethyl） phthalate	$y=2.54\times10^5x-1.38\times10^6$	0.9923
Dipentyl phthalate	$y=1.46\times10^6x-1.66\times10^7$	0.9965
Dihexyl phthalate	$y=1.15\times10^6x-9.34\times10^6$	0.9949
Dicyclohexyl – phthalate	$y=9.03\times10^5x-6.10\times10^6$	0.9964
Di – n – octyl phthalate	$y=1.18\times10^6x-9.08\times10^6$	0.9939
Benzyl butyl phthalate	$y=5.90\times10^5x-4.01\times10^6$	0.9965

注：由于 DBEP 未能与 DCHP 完全分开，因此没有 DBEP 的标准曲线方程。

3.1.2 研究对象及采样方法

2010年4月—2011年6月挑选位于北京6个地区的41座建筑物，包括19户家庭、10间办公室、5所幼儿园和7个公共场所（一个计算机教室、两个普通教室、一个学生餐厅、一个体育馆、一个图书馆和一个历史博物馆）。这些建筑物中的地面材料是瓷砖、木制、竹制或PVC地板，墙面涂料是乳胶漆、石膏或墙纸。住宅建筑和办公楼的家具材料是人造板材或天然木材，幼儿园和公共场所的家具材料是塑料和人造板材。采样对象信息见表3-3。由表3-3可知，共收集到113个降尘样本。

表3-3 样本信息

采样点	家庭	办公室	幼儿园	公共场所
采样点数量（个）	19	10①	5②	7
地面降尘（个）	19	10	15	3
踢脚线降尘（个）	2	10	15	7
家具表面降尘（个）	2	10	15	5
总数（个）	23	30	45	15

① 包括两个新的办公室（已装修未使用）。
② 包括1个新的幼儿园（已装修未使用）。

所用的收集降尘的装置如图3-6所示，此采样装置由不锈钢制成，采样时，将石英纤维膜（QFFs，直径为50mm，孔径为0.3μm，效率为99.9%）装入降尘采样装置，再将采样装置与真空吸尘器相连，如图3-7所示。采样时在采样表面缓慢移动采样装置，待收集到一定量的降尘后，将石英膜取出用铝箔包好并放入聚乙烯自封袋中，带回实验室在-20℃下保存。采集降尘前及采集完1个样品后，均要用色谱纯的二氯甲烷清洗采样装置，以确保采集的样品没有干扰。

图3-6 降尘采样装置

图3-7 真空吸尘器

3.1.3 前处理和分析方法

降尘样品的前处理过程包括4个步骤，第一步是将采集的降尘用250μm的筛子（见图3-8）进行过滤，以去除头发、非降尘颗粒等；第二步是将过滤后的降尘用滤纸包好然后用120mL色谱纯二氯甲烷（Mreda Technology Inc.，USA）在70℃下萃取6h；第三步用旋转蒸发仪将萃取液浓缩至大约10mL，然后用氮吹仪（见图3-9）在K－D浓缩管中将萃取液浓缩至1.0mL；第四步用0.45μm有机微孔滤膜对浓缩液进行净化，然后用GC－MS进行分析。

图3-8　250μm筛子　　　图3-9　氮吹仪

GC－MS分析条件如下：色谱柱为AB－5MS（30m×0.25mm×0.25um），初始柱温为150℃，保持2min后，升温速率为3℃/min，最终柱温为300℃，保持5min；载气为氦气，流速为20mL/min；不分流进样；离子源为EI电离源，温度为250℃；离子能量为70eV；扫描速率为1000Cps（C/s），扫描模式为全扫描，扫描范围为35.0～650amu。

邻苯二甲酸酯的仪器检测限（IDL）以3倍信噪比进行计算，IDL为0.001～0.02μg/mL；用IDL和灰尘样品质量中值（0.1g）计算方法检测限（MDL），MDL为0.01～0.21μg/g。

采样用的石英纤维膜及实验过程中所用的玻璃仪器使用前在300°C下烘烤4h，然后放入真空干燥器在室温下稳定24h。在可控环境条件下（温度为23°C，相对湿度为50%）称量干净的石英膜后，然后用铝箔包好放入真空干燥器中待用。溶剂空白、实验室空白和现场空白样品均低于方法的检测限。回收率实验表明分析方法的回收率在70%～112%。

3.1.4　统计分析方法

使用SPSS Statistics软件19.0版进行数据分析。低于检测限的含量被指定为检测限的一半。Shapiro－Wilk检验表明邻苯二甲酸酯含量是非正态分布的，因此，Mann－Whitney U检验用于比较不同表面或不同室内环境灰尘中邻苯二甲酸酯含量的差异。Spearman相关性分析确定不同室内环境中邻苯二甲酸酯含量之间的相关性。统计学显著性设定为 $p < 0.05$。

3.1.5 暴露评价及不确定性和敏感度分析

本研究估计了婴儿（<1 岁）、儿童（3～6 岁）和成人（21～30 岁）在不同室内环境中邻苯二甲酸酯的每日非膳食摄入量，并假设不同的人群在不同的室内环境中接触邻苯二甲酸酯。例如，婴儿只在家庭环境中接触邻苯二甲酸酯，儿童只在家庭和幼儿园中接触，成人只在家庭和办公室中接触。通过多种途径计算每日摄入量的方法参考 Xu 等（2009，2010）、Bekö 等（2013）、Gaspar 等（2014）和 Bu 等（2016）的研究。由于 DEP 和 DNP 的检出率和含量较低，因此未计算其暴露量；此外，由于一类公共场所的降尘样本较少，且公共场所缺乏人们活动模式数据，因此并未计算在公众场所的暴露量。

使用 Oracle Crystal Ball 软件（Fusion Edition，V. 11. 1. 2. 4）进行蒙特卡罗模拟和灵敏度分析。每个年龄组的暴露参数来源于美国环保署的暴露因子手册（EPA，2011）。体重和表面积假定为正态分布（Gaspar 等，2014；Bu 等，2016），其他输入参数（包括含量）均假定为对数正态分布。根据 CalTox 手册（McKone，1993）和相关研究（Gaspar 等，2014；Bu 等，2016），确定了某些输入参数，如 f_2（降尘摄入速率）、AE（皮肤暴露面积的比例）和 M_2（附着在皮肤上的降尘）的变异系数（CVs，定义为标准偏差与算数均值的比值）用以说明不确定性和变异性。蒙特卡罗模拟时将输出参数均值的相对误差控制在 ±3% 以内。

3.2 降尘中邻苯二甲酸酯的含量

表 3-4 列出了室内降尘中邻苯二甲酸酯的中值、范围和检出率。在所有 4 种不同的室内环境中仅检测到 5 种邻苯二甲酸酯（DEP，DiBP，DnBP，DEHP 和 DNP）。所有室内环境中 DEHP 检出率最高（质量分数为 100%），其次是 DnBP（质量分数 >90%）；此结果与关于中国家庭降尘中邻苯二甲酸酯含量的其他研究结果一致（林兴桃等，2009；Guo，Kannan，2011；Wang 等，2012；陶伟等，2013；Wang 等，2014）。DnBP 和 DiBP 在办公室、幼儿园和公共场所中的检出率大于 90%。家庭降尘中 DEP 的检出率为 42%，但 DEP 在其他室内环境中未检测到，其原因是家庭环境中存在较多的个人护理产品。有研究表明，较低相对分子质量的邻苯二甲酸酯，如 DMP 和 DEP 主要用于化妆品、个人护理产品和表面涂层材料（Abb 等，2009；Kang 等，2012）。家庭（16%）、办公室（0%）和幼儿园（20%）降尘中 DNP 的检出率远低于公共场所（80%），特别是多媒体和普通教室降尘中 DNP 检出率更高，表明在这些地方存在更多的 DNP 源。

表 3-4　室内环境降尘中邻苯二甲酸酯含量①　　（单位：μg/g）

室内环境	统计值	DEP	DnBP	DiBP	DEHP	DNP	∑Phthalate
家庭（$n=23$）	中值	nd②	68.8	nd	231	nd	488
	范围	nd～320	6.40～985	nd～896	46.3～23300	nd～1010	80.8～24600
	检出率	42%	100%	16%	100%	16%	
办公室（$n=30$）	中值	nd	145	58.1	1310	nd	1630
	范围	nd	nd～490	nd～321	327～7740	nd	650～7740
	检出率	0	90%	90%	100%	nd	
幼儿园（$n=45$）	中值	nd	31.2	94.8	202	nd	760
	范围	nd	6.95～473	15.0～2.830	17.0～3910	nd～442	217～5210
	检出率	0	100%	100%	100%	20%	
公共场所（$n=15$）	中值	nd	117	272	320	78.8	692
	范围	nd	28.2～1280	31.0～403	85.0～3140	nd～5960	223～9630
	检出率	0	100%	100%	100%	80%	

① 包括所有表面。

② nd：未检出。

在所有室内降尘中，DEHP 的中值含量高于其他邻苯二甲酸酯，可能的原因是与其他邻苯二甲酸酯相比，室内材料中 DEHP 的用量更大，且 DEHP 的饱和蒸气压更低（Weschler，Nazaroff，2008；Xu 等，2015），更易于吸附在降尘中。尽管表 3-4 表明办公室中 DEHP 的中值含量高于其他室内环境，但是非参数检验（Mann－Whitney U）结果显示，仅在办公室和幼儿园降尘中 DEHP 含量存在显著差异（$p<0.05$），见表 3-5。DnBP 的中值含量排序为办公室 > 公共场所 > 家庭 > 幼儿园，并且在办公室和幼儿园之间，以及幼儿园和公共场所之间浓度差异显著（$p<0.05$）。DiBP 的中值含量排序为公共场所 > 幼儿园 > 办公室 > 家庭，除了办公室和幼儿园的含量差异不显著之外，其他室内环境降尘中浓度差异显著（$p<0.05$）。

表 3-5　室内降尘中邻苯二甲酸酯含量差异的非参数检验 p 值

室内环境	DnBP	DiBP	DEHP
H－O	0.214	**0.001**	0.196
H－K	0.097	**0.001**	0.216
H－P	0.441	**0.000**	0.781
O－K	**0.014**	0.417	**0.023**
O－P	0.809	**0.003**	0.097
K－P	**0.044**	**0.013**	0.344

注：H：家庭，O：办公室，K：幼儿园，P：公共场所。

3.3 采样表面的影响

表3-6是不同表面降尘中邻苯二甲酸酯的含量。办公室和幼儿园的DnBP、DiBP和DEHP检出率介于73%～100%（质量分数）。幼儿园PVC地板表面降尘中未检出DNP，但偶尔会在非PVC地板和踢脚线表面降尘中检测到DNP，可能的原因是幼儿园使用的PVC地板材料不含DNP。办公室和幼儿园不同表面降尘分为四组，非PVC地板降尘、家具表面降尘、踢脚线表面降尘和PVC地板降尘。经Mann－Whitney U检验分析表面灰尘中邻苯二甲酸酯含量差异，结果表明，办公室和幼儿园不同表面降尘中DnBP、DiBP和DEHP的含量差异不显著（$p>0.05$），见表3-7。然而Bi等（2015）的研究结果表明，含有大约10% BBzP的乙烯基地板表面降尘中BBzP含量比非地板表面降尘含量高约20～30倍，其原因可能是BBzP从源到降尘的直接接触转移所致。Ait Bamai等（2014）的研究也表明多表面降尘中邻苯二甲酸酯含量与内表面材料有关，而地板降尘中邻苯二甲酸酯含量与地板材料直接相关。本研究PVC地板表面降尘中邻苯二甲酸酯含量与非PVC地板表面之间无显著差异的可能解释是：①样本数量少，降低了统计效力；②室内PVC地板中含有未检出的邻苯二甲酸酯或其他类型增塑剂，这同样可以解释为什么Bi等（2015）发现含有约10% BBzP的乙烯基地板表面降尘中DEHP含量与非地板降尘无显著差异；③频繁清洁PVC地板，降低了表面降尘中邻苯二甲酸酯的含量。因此，需要更多研究分析不同表面降尘中邻苯二甲酸酯的含量以及邻苯二甲酸酯从源到表面降尘的质量传递过程。

表3-6 表面降尘中邻苯二甲酸酯含量① （单位：μg/g）

室内环境	表面	统计值	DnBP	DiBP	DEHP	DNP
办公室	地面②（$n=10$）	中值	53.1	72.1	908	nd③
		范围	nd～308	nd～962	160～7330	nd
		检出率	90%	90%	100%	0%
	家具（$n=10$）	中值	89.4	68.2	730	nd
		范围	nd～574	nd～474	nd～4210	nd
		检出率	80%	80%	80%	0%
	踢脚线（$n=10$）	中值	279	34.5	351	nd
		范围	nd～1020	nd～271	nd～15900	nd
		检出率	80%	80%	90%	0

（续）

室内环境	表面	统计值	DnBP	DiBP	DEHP	DNP
幼儿园	地面（$n=12$）	中值	20.4	81.0	144	nd
		范围	nd ~ 72.7	nd ~ 1770	nd ~ 1900	nd ~ 1140
		检出率	75%	75%	83%	17%
	踢脚线（$n=18$）	中值	39.8	85.8	181	nd
		范围	nd ~ 253	nd ~ 4540	nd ~ 4430	nd ~ 88.5
		检出率	89%	89%	94%	6%
	PVC 地板（$n=15$）	中值	17.5	62.4	190	nd
		范围	nd ~ 1340	nd ~ 331	nd ~ 10200	nd
		检出率	73%	73%	87%	0%

① 未包括家庭和公共场所。

② 非 PVC 地面。

③ nd：未检出。

表 3-7　办公室和幼儿园表面降尘中邻苯二甲酸酯含量差异检验的 p 值①

表面	DnBP	DiBP	DEHP
非 PVC 地板 - 家具	0.084	0.714	0.329
非 PVC 地板 - 踢脚线	0.095	0.799	0.907
非 PVC 地板 - PVC 地板	0.730	0.534	0.599
家具 - 踢脚线	0.868	0.690	0.274
家具 - PVC 地板	0.615	1.000	0.868
踢脚线 - PVC 地板	0.683	0.443	0.558

① 将办公室和幼儿园同一表面的降尘归为一组进行统计分析。

3.4　邻苯二甲酸酯的共源性

表 3-8 所示是降尘中邻苯二甲酸酯的相关性分析结果。办公室家具表面降尘和所有表面降尘中 DnBP、DiBP 和 DEHP 的含量两两之间存在正相关关系，办公室踢脚线表面降尘中 DnBP 和 DiBP 的含量之间也存在正相关关系。同样，幼儿园踢脚线和 PVC 地板降尘中 DnBP、DiBP 和 DEHP 的含量两两之间存在正相关关系，所有降尘中 DnBP 和 DiBP 与 DEHP 存在正相关关系。来自公共场所尘埃中的 DnBP 和 DEHP 含量之间的相关性也很显著，但 DNP 与其他邻苯二甲酸酯含量之间的相关性并不显著。此外，来自家庭，办公室和幼儿园的非 PVC 地板

表 3-8 邻苯二甲酸酯的相关性系数

表面降尘	Phthalates	DnBP	DiBP	DEHP	DNP
家庭非 PVC 地面降尘	DnBP	1. 000	—	—	—
	DiBP	-0. 011	1. 000	—	—
	DEHP	0. 209	0. 209	1. 000	—
	DNP	—	—	—	1. 000
办公室非 PVC 地面降尘	DnBP	1. 000	—	—	—
	DiBP	0. 442	1. 000	—	—
	DEHP	-0. 309	0. 006	1. 000	—
	DNP	—	—	—	1. 000
办公室家具降尘	DnBP	1. 000	—	—	—
	DiBP	0. 868**	1. 000	—	—
	DEHP	0. 868**	0. 817**	1. 000	—
	DNP	—	—	—	1. 000
办公室踢脚线降尘	DnBP	1. 000	—	—	—
	DiBP	0. 683*	1. 000	—	—
	DEHP	0	0. 280	1. 000	—
	DNP	—	—	—	1. 000
办公室所有降尘	DnBP	1. 000	—	—	—
	DiBP	0. 613**	1. 000	—	—
	DEHP	0. 392*	0. 670**	1. 000	—
	DNP	—	—	—	1. 000
幼儿园非 PVC 地面降尘	DnBP	1. 000	—	—	—
	DiBP	0. 504	1. 000	—	—
	DEHP	0. 127	-0. 099	1. 000	—
	DNP	—	—	—	1. 000
幼儿园踢脚线降尘	DnBP	1. 000	—	—	—
	DiBP	0. 657**	1. 000	—	—
	DEHP	0. 586*	0. 642**	1. 000	—
	DNP	—	—	—	1. 000
幼儿园 PVC 地板降尘	DnBP	1. 000	—	—	—
	DiBP	0. 724**	1. 000	—	—
	DEHP	0. 707**	0. 314**	1. 000	—
	DNP	—	—	—	1. 000

（续）

表面降尘	Phthalates	DnBP	DiBP	DEHP	DNP
幼儿园所有降尘	DnBP	1.000	—	—	—
	DiBP	0.622**	1.000	—	—
	DEHP	0.562**	0.266	1.000	—
	DNP	—	—	—	1.000
公共场所所有降尘	DnBP	1.000	—	—	—
	DiBP	0.535	1.000	—	—
	DEHP	0.786**	0.714	1.000	—
	DNP	0.685	−0.306	0.414	1.000

* 显著相关，$p<0.05$(2-tailed)。

** 非常显著相关，$p<0.01$(2-tailed)。

粉尘中的DnBP、DiBP和DEHP含量之间的相关性不显著（$p>0.05$）。这些结果表明，尽管DnBP、DiBP和DEHP可能来自相同的来源，但邻苯二甲酸酯的共源性受到灰尘收集地点的影响。地板降尘很容易受到行走、清洁等的影响，因此地板降尘似乎比家具和踢脚线降尘复杂得多。同时，DNP与其他邻苯二甲酸酯的含量之间似乎没有显著的相关性，这表明DNP来源可能与DnBP、DiBP和DEHP不同。

3.5 与其他研究对比

表3-9所示为总结了相关研究室内降尘DEP、DiBP、DnBP和DEHP的含量。由于文献中没有报道DNP，因此表3-9中未包括DNP。表3-9中大多数研究测定了家庭降尘中邻苯二甲酸酯的含量。但是不同的室内环境具有不同的邻苯二甲酸酯的来源，并且人们在不同环境中的暴露时间、生活习惯、清洁频率等暴露模式不同。因此，未来还应进一步研究除家庭以外的其他室内环境。

表3-9 降尘中邻苯二甲酸酯的含量比较（除非特别注明，表中的值均为中值）

国家	*n*	DEP	DnBP	DiBP	BBzP	DEHP	参考文献
德国1	272	3.1	87	/	24	450	Pöhner等，1997
德国2[②]	286	/	49	34	49	740	Butte等，2001
德国3	199	3.3	42	22	15	416	Becker等，2002
德国4	65	5	47	33	19	600	Kersten，Reich，2003
德国5[③]	30	6.1	47	36	29	659	Fromme等，2004
德国6	252	/	/	/	/	515	Becker等，2004
德国7	30	/	87	/	15	604	Abb等，2009
美国1（MA）	120	5	20	1.9	45	340	Rudel等，2003
美国2（NC，家庭）[①]	9	/	1.2	/	5.9	/	Wilson等，2003
美国2（NC，日托中心）[①]	4	/	1.9	/	3.7	/	Wilson等，2003

（续）

国家	n	DEP	DnBP	DiBP	BBzP	DEHP	参考文献
美国3（OH，家庭）	127	/	5.2	/	17	/	Morgan 等，2004
美国3（OH，日托中心）	16	/	15	/	29	/	Morgan 等，2004
美国3（NC，家庭）	129	/	5.6	/	17	/	Morgan 等，2004
美国3（NC，日托中心）	13	/	14	/	58	/	Morgan 等，2004
美国4（CA）	11	/	/	/	/	386	Hwang 等，2008
美国5（NY）	33	2.0	13.1	3.8	21.1	304	Guo，Kannan，2011
美国6（儿童保育设施）	40	1.4	13.7	9.3	46.8	172.2	Gaspar 等，2014
瑞典	346	/	150	45	135	770	Bornehag 等，2005
丹麦1（家庭）[①,④]	23	/	/	/	/	858	Clausen 等，2003
丹麦1（学校）[①,④]	15	/	/	/	/	3214	Clausen 等，2003
丹麦2（家庭）	497	1.7	15	27	3.7	210	Langer 等，2010
丹麦2（日托中心）	151	2.2	38	23	17	500	Langer 等，2010
挪威[①]	38	10	100	10	110	640	Øie 等，1997
保加利亚	177	340[⑤]	9930[③]	/	340	1050	Kolarik 等，2008
中国1（家庭）	10	20[①]	42	/	5	1188	Lin 等，2009
中国1（办公室）	10	10	18	/	8[①]	104	Lin 等，2009
中国1（宿舍）	10	28	44	/	39	468	Lin 等，2009
中国2	75	0.4	20.1	17.2	0.2	228	Guo，Kannan，2011
中国3	9	/	29.1	/	/	842.6	Tao 等，2013
中国4	215	0.2	23.7	/	1.6	183	Zhang 等，2013
中国5（家庭和办公室）	28		134.8	233.8		581.5	Wang 等，2014
中国6（家庭）	30	7.6[⑥]	164.7	87.1	/	1543	Bu 等，2016
		6.4[⑦]	139.3	75.4	/	1450	
中国7（家庭）	19	/	68.8	85.4[①]	/	231	本研究
中国7（办公室）	10	/	145	58.1	/	1310	本研究
中国7（幼儿园）	5	/	31.2	94.8	/	202	本研究
中国7（公共场所）	7	/	117	272	/	320	本研究

注：/为未检出。

① 平均值。

② 源于 Wensing 等（2005）。

③ 源于 Weschler 等（2008）表1。

④ 源于 Clausen 等（2003）表1。

⑤ 异常高的值或许是由于分析方法所致（GC/FID）。

⑥ 起居室降尘。

⑦ 卧室降尘。

在大多数研究中，降尘中 DEP 含量较低是因为其相对高的蒸气压所致。与其他邻苯二甲酸酯相比，DEP 在气相中具有更高的含量。表 3-9 中列出的 BBzP、DnBP 和 DiBP 的含量大致相当，并且介于较高含量的 DEHP 和较低含量的 DEP 之间。Kolarik 等（2008）报道了保加利亚儿童卧室降尘中 DEP 和 DnBP 含量异常之高，原因可能是由于分析方法导致的（Langer 等，2010）。

与一些中国研究相比，本研究家庭降尘中DEP中值含量高出其他研究1.6～3.4倍（Lin等，2009；Guo，Kannan，2011；Tao等，2013；Zhang等，2013），但比Wang等（2014）和Bu等（2015）的含量低。本研究DEHP中值含量高于Langer等（2010）、Guo和Kannan（2011）和Zhang等（2013）报道的含量。图3-10显示了本研究家庭邻苯二甲酸酯中值含量与其他研究的比较，DEP和DiBP含量高于其他研究，而DnBP和DEHP含量与其他研究中的含量大致相同。

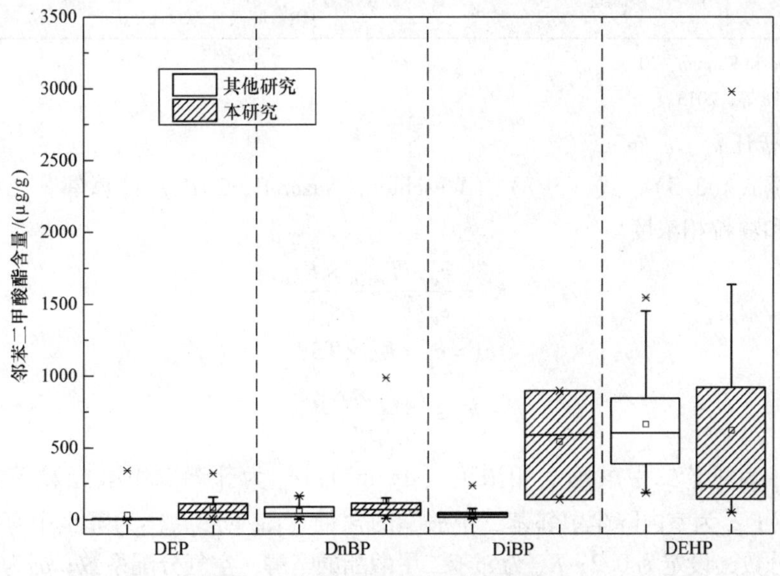

图3-10　家庭降尘中邻苯二甲酸酯中值含量对比（见表3-9）

3.6　暴露估计及不确定性和敏感度分析

邻苯二甲酸酯可通过降尘口入、皮肤吸收及吸入进入人体，这三种途径的暴露量计算公式见表3-10。

表3-10　邻苯二甲酸酯暴露途径计算公式

路径	公式	参数
降尘口入①	$DI_{ingest,dust}=\dfrac{c_d\times f_1\times f_2}{M_1}$　(3-1)	c_d：邻苯二甲酸酯降尘中含量（μg/g）；f_1：在不同环境中的暴露比例；f_2：灰尘吃入速率（g/d）；M_1：体重（kg）
皮肤吸收：通过黏附在皮肤上的灰尘①	$DI_{dermal,dust}=\dfrac{c_d\times SA\times AE\times M_2\times f_1\times f_3}{M_1}$　(3-2)	SA：皮肤表面积（m^2）；AE：暴露皮肤表面积的比例；M_2：黏附在皮肤表面的降尘质量（g/m^2）；f_3：通过皮肤吸收的邻苯二甲酸酯的比例

（续）

路径	公式	参数
皮肤吸收：通过空气直接与皮肤接触②	$DI_{dermal,gas}=\frac{c_g\times k_{p,g}\times SA\times f_4}{M_1}$ (3-3)	c_g：邻苯二甲酸酯气相浓度（μg/m³）；$k_{p,g}$：从空气到皮肤的透皮渗透系数（m/h）；f_4：暴露时间（h）
吸入①	$DI_{inhalation}=\frac{(c_g+c_p)\times f_1\times IR}{M_1}$ (3-4)	c_p：邻苯二甲酸酯颗粒相浓度（μg/m³）；IR：呼吸速率（m³/d）

① Guo 和 Kannan，2011。

② Bekö 等，2013。

1. 估计 c_g、c_p 和 c_d

根据式（3-5）~式（3-7）（Weschler，Nazaroff，2010）计算邻苯二甲酸酯的气相和颗粒相浓度。

$$K_d=\frac{c_d}{c_g}=\frac{f_{om,d}\times K_{oa}}{\rho_d} \tag{3-5}$$

$$c_p=c_g\times K_p\times TSP \tag{3-6}$$

$$K_p=\frac{f_{om,p}\times K_{oa}}{\rho_p} \tag{3-7}$$

式中，c_g 为邻苯二甲酸酯气相浓度（μg/m³）；c_p 为邻苯二甲酸酯颗粒相浓度（μg/m³）；c_d为室内降尘中邻苯二甲酸酯的含量（μg/g）；$f_{om,d}$为降尘中有机物质的体积分数，设定为0.2；K_{oa}为邻苯二甲酸酯的辛醇－空气分配系数；ρ_d为降尘密度，设定为2.0×10^{12}μg/m³；K_p为邻苯二甲酸酯在气相和颗粒相之间的分配系数（m³/g）；TSP 为室内颗粒物的浓度，设定为50μg/m³；$f_{om,p}$为颗粒物中有机物质的体积分数，设定为0.4；ρ_p为颗粒物的密度，设定为1.0×10^{12} μg/m³（Weschler，Nazaroff，2010；Bekö 等，2013；Gaspar 等，2014）。参数值见表3-11。

表3-11　式（3-5）~式（3-7）中参数值

邻苯二甲酸酯	$\log K_{oa}$①（CV②）	ρ_p	$f_{om,p}$	ρ_d	$f_{om,d}$
DiBP	9.62(0.03③)	1.00E+12	0.4	2.00E+12	0.2
DnBP	9.83（0.03③）	1.00E+12	0.4	2.00E+12	0.2
DEHP	12.9（0.03③）	1.00E+12	0.4	2.00E+12	0.2

① Bekö 等，2013。

② 变异系数（CV）。

③ Bu 等，2016。

基于测定的降尘中邻苯二甲酸酯含量，通过蒙特卡罗模拟估算 c_g、c_p和 c_d。输入参数是邻苯二甲酸酯含量和 $\log K_{oa}$，并假设是对数正态分布。估计的室内邻苯二甲酸酯在气相、颗粒相中的浓度和降尘相中的含量见表3-12。

表 3-12　估计的室内邻苯二甲酸酯在气相、颗粒相中的浓度和降尘相中的含量

室内环境	介质	邻苯二甲酸酯	Mean	SD	Min	5th%	25th%	50th%	75th%	95th%	Max
家庭	$c_{d,h}$/(μg/g)	DiBP	8.75E+01	2.53E+02	5.38E-02	2.52E+00	1.07E+01	2.87E+01	7.80E+01	3.31E+02	1.41E+04
		DnBP	1.23E+02	2.08E+02	3.86E-01	8.90E+00	2.79E+01	6.22E+01	1.36E+02	4.29E+02	7.41E+03
		DEHP	1.81E+03	5.02E+03	9.95E-01	5.02E+01	2.16E+02	5.95E+02	1.63E+03	6.92E+03	2.63E+05
	$c_{g,h}$/(μg/m^3)	DiBP	2.38E-01	6.20E-01	2.03E-04	5.11E-03	2.49E-02	7.01E-02	1.91E-01	9.15E-01	8.29E+00
		DnBP	2.31E-01	4.86E-01	1.10E-03	1.10E-02	3.78E-02	9.43E-02	2.37E-01	8.13E-01	8.06E+00
		DEHP	3.81E-03	1.28E-02	1.90E-06	4.65E-05	2.08E-04	7.53E-04	2.59E-03	1.28E-02	1.92E-01
	$c_{p,h}$/(μg/m^3)	DiBP	6.37E-03	2.10E-02	3.64E-06	1.30E-04	6.09E-04	1.79E-03	5.23E-03	2.45E-02	2.45E-02
		DnBP	9.86E-03	3.86E-02	9.24E-06	2.97E-04	1.23E-03	3.35E-03	8.86E-03	3.71E-02	7.73E+00
		DEHP	2.25E-01	1.23E+00	9.77E-06	2.08E-03	1.23E-02	4.26E-02	1.46E-01	8.58E-01	2.87E+02
办公室	$c_{d,o}$/(μg/g)	DiBP	1.10E+02	1.93E+02	4.67E-01	8.17E+00	2.50E+01	5.54E+01	1.22E+02	3.72E+02	8.44E+03
		DnBP	1.84E+02	2.43E+02	2.09E+00	2.14E+01	5.65E+01	1.11E+02	2.21E+02	5.81E+02	7.41E+03
		DEHP	1.71E+03	2.97E+03	5.87E+00	1.13E+02	3.68E+02	8.36E+02	1.89E+03	6.00E+03	9.91E+04
	$c_{g,o}$/(μg/m^3)	DiBP	2.38E-01	6.20E-01	2.03E-04	5.11E-03	2.49E-02	7.01E-02	1.91E-01	9.15E-01	8.29E+00
		DnBP	2.31E-01	4.86E-01	1.10E-03	1.10E-02	3.78E-02	9.43E-02	2.37E-01	8.13E-01	8.06E+00
		DEHP	3.81E-03	1.28E-02	1.90E-06	4.65E-05	2.08E-04	7.53E-04	2.59E-03	1.28E-02	1.92E-01
	$c_{p,o}$/(μg/m^3)	DiBP	6.37E-03	2.10E-02	3.64E-06	1.30E-04	6.09E-04	1.79E-03	5.23E-03	2.45E-02	2.45E-02
		DnBP	9.86E-03	3.86E-02	9.24E-06	2.97E-04	1.23E-03	3.35E-03	8.86E-03	3.71E-02	7.73E+00
		DEHP	2.25E-01	1.23E+00	9.77E-06	2.08E-03	1.23E-02	4.26E-02	1.46E-01	8.58E-01	2.87E+02

（续）

室内环境	介质	邻苯二甲酸酯	Mean	SD	Min	$5^{th}\%$	$25^{th}\%$	$50^{th}\%$	$75^{th}\%$	$95^{th}\%$	Max
幼儿园	$c_{d,k}$/（μg/g）	DiBP	2.63E+02	7.49E+02	2.09E−01	7.31E+00	3.07E+01	8.43E+01	2.34E+02	9.91E+02	3.70E+04
		DnBP	1.14E+02	2.59E+02	1.12E−01	4.98E+00	1.86E+01	4.64E+01	1.15E+02	4.21E+02	1.79E+04
		DEHP	1.22E+03	2.29E+03	4.71E+00	7.69E+01	2.51E+02	5.74E+02	1.31E+03	4.27E+03	1.12E+05
	$c_{g,k}$/（μg/m³）	DiBP	7.69E−01	2.71E+00	2.41E−04	1.41E−02	6.81E−02	2.06E−01	6.08E−01	2.97E+00	3.19E+02
		DnBP	2.08E−01	5.80E−01	6.85E−05	5.47E−03	2.40E−02	6.71E−02	1.87E−01	7.97E−01	3.87E+01
		DEHP	2.26E−03	6.38E−03	1.09E−06	5.96E−05	2.58E−04	7.21E−04	2.01E−03	8.72E−03	4.40E−01
	$c_{p,k}$/（μg/m³）	DiBP	1.64E−02	5.85E−02	2.88E−06	2.93E−04	1.41E−03	4.24E−03	1.27E−02	6.23E−02	3.77E+00
		DnBP	6.98E−03	1.98E−02	2.53E−06	1.81E−04	7.87E−04	2.19E−03	6.12E−03	2.72E−02	1.09E+00
		DEHP	9.38E−02	3.46E−01	5.02E−05	2.29E−03	9.88E−03	2.78E−02	7.89E−02	3.56E−01	5.32E+01

2. 估计暴露量

暴露量计算式（3-1）~式（3-4）中的大多数参数（如呼吸速率和体重）来自美国环境保护局的暴露因子手册（EPA，2011），f_3和$k_{p,g}$参数值来自Gong等（2014）和Gaspar等（2014）。参数值见表3-13。

表3-13 不同年龄人群暴露参数均值（CV）

参数	婴儿（<1岁）	儿童（3~6岁）	成人（21~30岁）
$f_1$①/(h/d)	0.77(H)②	0.66(H)②,0.22(K)	0.66(H)②,0.27(O)③
$f_2$①④/(g/d)	0.03(0.36)	0.06(0.2)	0.03(0.2⑤)
$M_1$①/kg	7.8(0.1)⑥	18.6(0.2)	78.4(0.2)
SA①/(m^2/d)	0.36(0.1)⑥	0.76(0.1)	1.93(0.1)
AE①	0.3(0.3)		
$M_2$①/(g/m^2)	0.04(0.3⑦)		
DiBP的f_3	0.1⑧		
DnBP的$f_3$⑦	0.1		
DEHP的$f_3$⑦	0.09		
DiBP的$k_{p,g}$⑨/(m/h)	2.8		
DnBP的$k_{p,g}$⑨/(m/h)	3.0		
DEHP的$k_{p,g}$⑨/(m/h)	3.2		
$f_4$①/h	18.5(H)	16.0(H),5.4(K)	15.8(H),6.5(O)③
IR①/(m^3/d)	5.4(0.4)	10.1(0.2)	15.7(0.2)

① EPA暴露因子手册：2011版。

② H：家庭；O：办公室；K：幼儿园。

③ 基于合理估计的值。

④ 室内降尘摄入量均假定为0.1g/d（所有年龄组的95%值）。

⑤ 假定与儿童一致。

⑥ 加权平均值。

⑦ Gaspar等人（2014）。

⑧ 假设与DnBP相同。

⑨ 根据Gong等人（2014）表2中的值和其中的方程（10）进行计算。

已知邻苯二甲酸酯在气相、颗粒相的浓度和降尘相中的含量以及暴露参数，可根据式（3-1）~式（3-4）采用蒙特卡罗模拟方法估算暴露量，估算结果见表3-14。估算结果表明通过降尘与皮肤接触吸收的暴露量可忽略不计，这与之前发表的研究（Bekö等，2013）一致，故在表3-14中未列出。由表3-14可知，婴儿、儿童和成人的每日邻苯二甲酸酯总摄入量分别为1.05~5.85μg/kg、1.11~5.17μg/kg和0.45~0.71μg/kg。对于任何年龄组人群，DEHP的暴露量均最大，比DiBP和DnBP高1.4~5.6倍，其原因是年轻人的体重低于成人，并且年轻人可能对 DiBP、DnBP 和 DEHP 的接触程度更高。皮肤吸收是 DiBP 和 DnBP 的主要暴露途径，尤其对于成人而言，皮肤吸收暴露量比吸入和降尘口入高一个数量级。降尘口入是 DEHP 的主要暴露途径，并且大于吸入和皮肤吸收暴露 1~2 个数量级。

图 3-11 比较了不同人群邻苯二甲酸酯每种暴露途径的平均贡献。皮肤吸收式 DiBP 和 DnBP 最重要的暴露途径，贡献率为 56.4%~84.7%；对于婴儿和儿童，降尘口入比吸入更重要，但这两种途径对成人同样重要。与 DnBP 和 DiBP 不同，DEHP 最重要的暴露途径是降尘口入，占 85.6%~96.6%；其他两种途径贡献率为 1.5%~7.7%。

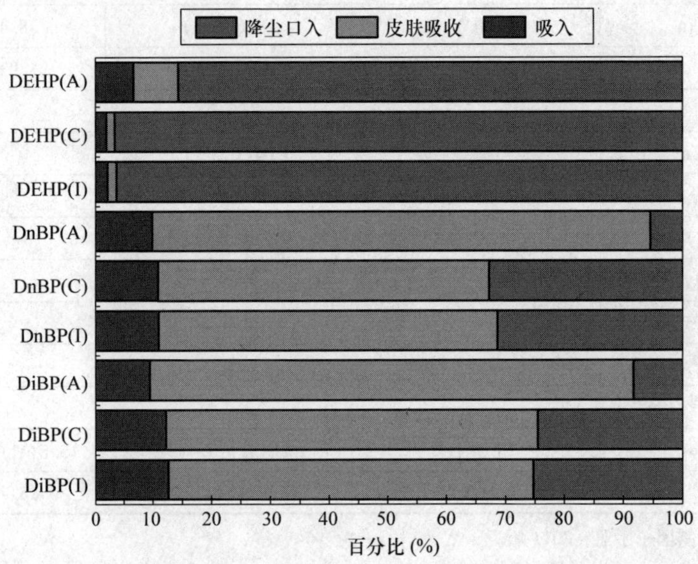

图 3-11　不同人群邻苯二甲酸酯每种暴露途径的平均贡献（I：婴儿，C：儿童，A：成人）

本研究的局限性如下：首先，研究样本数量有限。其次，邻苯二甲酸酯的气相和颗粒相浓度是根据降尘浓度估算的。使用蒙特卡罗模拟估算邻苯二甲酸酯的气相和颗粒相浓度时，参考文献中参数值存在很大差异。北京室内颗粒物和降尘的密度，以及与室内颗粒和降尘有关的有机物体积分数可能与其他地区不同。最后，本研究没有考虑温度对室内降尘中邻苯二甲酸酯含量的影响。

不确定性还源于对暴露的假设。假设婴儿的暴露只发生在家中，儿童只暴露在家中和幼儿园，成年人只暴露在家中和办公室，没有考虑室外环境和其他室内环境的暴露。此外，并未考虑所有暴露途径，饮食摄入和接触暴露在本研究未考虑需要进一步研究。最后，蒙特卡罗模拟中暴露参数的输入分布也产生不确定性，因为大部分暴露参数的值来自美国环保署的暴露因子手册和参考文献。

通过灵敏度分析可得每个输入参数的变化对暴露模拟结果的影响，排序结果见表 3-15。对于 DnBP，家庭气相浓度敏感度最大，对总暴露的影响占比

表3-14 邻苯二甲酸酯通过不同暴露途径的蒙特卡罗模拟暴露量 [单位：μg/(kg·d)]

人群	环境	平均值（标准偏差）								
		DiBP			DnBP			DEHP		
		吸入	皮肤吸收	降尘口入	吸入	皮肤吸收	降尘口入	吸入	皮肤吸收	降尘口入
婴儿	家庭	0.13(0.34)	0.64(1.56)	0.26(1.35)	0.13(0.29)	0.68(1.33)	0.37(1.16)	0.12(0.66)	0.089(0.28)	5.47(21.7)
	总量	1.05(2.43)			1.20(2.17)			5.85(23.4)		
儿童	家庭+幼儿园	0.19(0.40)	0.98(2.49)	0.38(0.98)	0.12(0.21)	0.62(1.04)	0.36(0.59)	0.099(0.37)	0.076(0.26)	4.99(12.6)
	总量	1.54(2.79)			1.11(1.40)			5.17(11.8)		
成人	家庭+办公室	0.053(0.094)	0.46(0.93)	0.046(0.11)	0.055(0.086)	0.47(0.69)	0.03(0.12)	0.047(0.04)	0.054(0.13)	0.60(2.1)
	总量	0.45(1.01)			0.49(1.02)			0.71(2.50)		

55.0%～73.3%；家庭降尘含量是婴儿和儿童暴露的第二大影响因素，办公室气相浓度是成人暴露的第二大影响因素。对于DiBP，家庭气相浓度是婴儿和成人暴露的最大因素（72.7%～80.5%）；幼儿园和家庭的气相浓度对儿童暴露的影响程度一致。对于DEHP，家庭降尘含量是总暴露的主要影响因素（47.3%～75.7%）；降尘摄入率是婴儿和成人暴露的第二大影响因素，幼儿园降尘含量是儿童暴露的第二大影响因素。

表3-15　敏感度分析结果（每个参数对总暴露变化的贡献）　　（%）

输入参数	DnBP暴露量			DiBP暴露量			DEHP暴露量		
	婴儿	儿童	成人	婴儿	儿童	成人	婴儿	儿童	成人
$c_{g,h}$	73.3	55.0	70.1	80.5	36.7	72.7	0.7	—	0.1
$c_{p,h}$	—	—	—	—	—	—	0.9	0.3	2.2
$c_{d,h}$	14.7	19.8	1.8	12.7	7.6	1.6	69.0	75.7	47.3
f_2	10.1	2.9	2.4	5.3	1.7	1.2	28.6	7.5	37.8
M_1	1.5	0.3	9.6	1.0	7.2	7.6	0.5	3.9	5.2
SA	0.2	0.7	1.0	0.1	1.0	0.8	—	—	—
IR	0.1	—	—	0.2	—	—	—	—	0.1
$c_{g,k}$	—	9.5	—	—	37.0	—	—	—	—
$c_{d,k}$	—	3.1	—	—	7.9	—	—	12.1	—
$c_{d,o}$	—	—	0.2	—	—	0.2	—	—	6.4
$c_{g,o}$	—	—	14.7	—	—	16.3	—	—	—
$c_{p,o}$	—	—	—	—	—	—	—	—	0.2
M_2	—	—	—	—	—	—	—	—	0.1
f_3	—	—	—	—	—	—	—	—	0.3

3.7　小结

本研究测定了北京4种室内环境降尘中邻苯二甲酸酯的含量。DiBP、DnBP和DEHP是最主要的邻苯二甲酸酯。在这4种类型的室内环境中，DEHP中值含量最高，并且办公室中DnBP和DEHP中值含量和总邻苯二甲酸酯含量最高。不同室内环境中DnBP、DiBP和DEHP含量的差异性显著。DnBP、DiBP和DEHP的来源可能一致，而DNP可能来自不同的源。

DEHP暴露量高DiBP和DnBP 1.4～5.6倍。DnBP和DEHP的暴露量随年龄增长而降低。皮肤吸收是DiBP和DnBP最重要的暴露途径，占56.4%～84.7%；

降尘口入是 DEHP 的主要暴露途径，占85.6%～96.6%。

本研究提供了4种室内环境降尘中邻苯二甲酸酯含量的有用信息，以及北京室内环境中邻苯二甲酸酯的日摄入量。这有助于制定减少我国邻苯二甲酸酯暴露的策略。

参考文献

[1] ABB M, HEINRICH T, SORKAU E, et al. Phthalates in house dust [J]. Environment International, 2009, 35: 965 -970.

[2] ADIBI J J, PERERA F P, JEDRYCHOWSKY W, et al. Prenatal exposures to phthalates among women in New York City and Krakow, Poland [J]. Environmental Health Perspective, 2003, 111: 1719 -1722.

[3] AIT BAMAI Y, ARAKI A, KAWAI T, et al. Exposure to phthalates in house dust and associated allergies in children aged 6 -12 years [J]. Environment International, 2016, 96: 16 -23.

[4] AIT BAMAI Y, ARAKI A, KAWAI T, et al. Associations of phthalate concentrations in floor dust and multi - surface dust with the interior materials in Japanese dwellings [J]. Science of The Total Environment, 2014, 468 -469: 147 -157.

[5] AIT BAMAI Y, SHIBATA E, SAITO I, et al. Exposure to house dust phthalates in relation to asthma and allergies in both children and adults [J]. Science of The Total Environment, 2014, 485 -486: 153 -163.

[6] BECKER K, SEIWERT M, ANGERER J, et al. DEHP metabolites in urine of children and DEHP in house dust [J]. International Journal of Hygiene and Environmental Health, 2004, 207: 409 -417.

[7] BECKER K, SEIWERT M, KAUS S, et al. German Environmental Survey 1998 (GerES Ⅲ): pesticides and other pollutants in house dust. In: Levin, H. (Ed.), Proceedings of the 9th International Conference on Indoor Air Quality and Climate, 30 June -5 July, Monterey, California, Santa Cruz, CA [J]. Indoor Air, 2002, 883 -887.

[8] BEKÖ G, CALLESEN M, WESCHLER C J, et al. Phthalate exposure through different pathways and allergic sensitization in preschool children with asthma, allergic rhino conjunctivitis and atopic dermatitis [J]. Environmental Research, 2015, 137: 432 -439.

[9] BEKÖ G, WESCHLER C J, LANGER S, et al. Children's phthalate intakes and resultant cumulative exposures estimated from urine compared with estimates from dust ingestion, inhalation and dermal absorption in their homes and daycare centers [J]. PLoS One, 2013, e62442: 1 -18.

[10] BI C Y, LIANG Y R, XU Y, et al. Fate and transport of phthalates in indoor environments and the influence of temperature: a case study in a test house [J]. Environmental Science and Technology, 2015, 49: 9674 -9681.

[11] BORNEHAG C G, CARLSTEDT F, JONSSON B A G, et al. Prenatal phthalate exposures and anogenital distance in Swedish boys [J]. Environmental Health Perspectives, 2015, 123:

101 – 107.

[12] BORNEHAG C G, LUNDGREN B, WESCHLER C J, et al. Phthalates in indoor dust and their associations with building characteristics [J]. Environmental Health Perspectives, 2015, 113: 1399 – 1404.

[13] BORNEHAG C G, SUNDELL J, WESCHLER C J, et al. The association between asthma and allergic symptoms in children and phthalates in house dust: A nested case – control study [J]. Environmental Health Perspectives, 2004, 112: 1393 – 1397.

[14] BUTTE W, HOFFMANN W, HOSTRUP O, et al. Endocrine disrupting chemicals in house dust: results of a representative monitoring [J]. Gefahrst Reinhalt, 2001, L 61: 19 – 23.

[15] BU Z M, ZHANG Y P, MMEREKI D, et al. Indoor phthalate concentration in residential apartments in Chongqing, China: Implications for preschool children's exposure and risk assessment [J]. Atmospheric Environment, 2016, 127: 34 – 45.

[16] CALLESEN M, BEKÖ G, WESCHLER C J, et al. Phthalate metabolites in urine and asthma, allergic rhinoconjunctivitis and atopic dermatitis in preschool children [J]. International Journal of Hygiene and Environmental Health, 2014, 217: 645 – 652.

[17] CLAUSEN P A, LINDEBERG BILLE R L, NILSSON T, et al. Simultaneous extraction of di (2 – ethylhexyl) phthalate and nonionic surfactants from house dust: Concentrations in floor dust from 15 Danish schools [J]. Journal of Chromatography A, 2003, 986: 179 – 190.

[18] EPA, U. S. Exposure Factors Handbook: 2011 Edition (Final) [R]. Environmental Protection Agency, Washington DC.

[19] FROMME H, LAHRZ T, PILOTY M, et al. Occurrence of phthalates and musk fragrances in indoor air and dust from apartments and kindergartens in Berlin [J]. Indoor Air, 2004, 14: 188 – 195.

[20] GASPAR F W, CASTORINA R, MADDALENA R L. Phthalate exposure and risk assessment in California child care facilities [J]. Environmental Science and Technology, 2014, 48: 7593 – 7601.

[21] GUO Y, KANNAN K. Comparative assessment of human exposure to phthalate esters from house dust in China and the United States [J]. Environmental Science and Technology, 2011, 45: 3788 – 3794.

[22] HAUSER R, MEEKER J D, DUTY S, et al. Altered semen quality in relation to urinary concentrations of phthalate monoester and oxidative metabolites [J]. Epidemiology, 2006, 17: 682 – 691.

[23] HAUSER R, MEEKER J D, SINGH N P, et al. DNA damage in human sperm is related to urinary levels of phthalate monoester and oxidative metabolites [J]. Human Reproduction, 2007, 22: 688 – 695.

[24] HOPPIN J A, ULMER R, LONDON S J, et al. Phthalate exposure and pulmonary function [J]. Environmental Health Perspectives, 2004, 112: 571 – 574.

[25] HSU N Y, LEE C C, WANG J Y, et al. Predicted risk of childhood allergy, asthma, and re-

ported symptoms using measured phthalate exposure in dust and urine [J]. Indoor Air, 2012, 22: 186 - 199.

[26] HWANG H M, PARK E K, YOUNG T M, et al. Occurrence of endocrine - disrupting chemicals in indoor dust [J]. Science of the Total Environment, 2008, 404: 26 - 35.

[27] KANG Y, MAN Y B, CHEUNG K C, et al. Risk assessment of human exposure to bioaccessible phthalate esters via indoor dust around the Pearl River Delta [J]. Environmental Science and Technology, 2012, 46: 8422 - 8430.

[28] KERSTEN W, REICH T. Schwerfluchtige organische umweltchemikalien in Hamburger hausstäben [J]. Gefahrst Reinhalt L, 2003, 63: 85 - 91.

[29] KOCH H M, WITTASSEK M, BRUNING T, et al. Exposure to phthalates in 5 - 6 years old primary school starters in Germany - a human biomonitoring study and a cumulative risk assessment [J]. International Journal of Hygiene and Environmental Health, 2011, 214: 188 - 195.

[30] KOLARIK B, BORNEHAG C G, NAYDENOV K, et al. The concentrations of phthalates in settled dust in Bulgarian homes in relation to building characteristic and cleaning habits in the family [J]. Atmospheric Environment, 2008, 42: 8553 - 8559.

[31] LANGER S, WESCHLER C J, FISCHER A, et al. Phthalate and PAH concentrations in dust collected from Danish homes and daycare centers [J]. Atmospheric Environment, 2010, 44: 2294 - 2301.

[32] LIN X T, SHEN T, YU X L, et al. Characteristics of phthalate esters pollution in indoor settled dust [J]. Journal of Environmental Health, 2009, 26: 1109 - 1111.

[33] LIU L, BAO H, LIU F, et al. Phthalates exposure of Chinese reproductive age couples and its effect on male semen quality, a primary study [J]. Environmental science and pollution research international, 2012, 42 (SI): 78 - 83.

[34] MCKONE T E. CalTOX, A multimedia total - exposure model for hazardous - wastes sites part II: The dynamic multimedia transport and transformation model [R]. Lawrence Livermore National Laboratory: Department of Toxic Substances Control. California Environmental Protection Agency, 1993.

[35] MEEKER J D, CALAFAT A M, HAUSER R. Di (2 - ethylhexyl) phthalate metabolites may alter thyroid hormone levels in men [J]. Environmental Health Perspectives, 2007, 115: 1029 - 1034.

[36] MORGAN M K, SHELDON L S, CROGHAN C W, et al. A pilot study of children's total exposure to persistent pesticides and other persistent organic pollutants (CTEPP) [R]. EPA/600/R - 041/193, 2004. US EPA National Exposure Research Laboratory, Research Triangle Park, NC.

[37] ØIE L, HERSOUG L G, MADSEN J Ø. Residential exposure to plasticizers and its possible role in the pathogenesis of asthma [J]. Environmental Health Perspectives, 1997, 105: 972 - 978.

[38] PÖHNER A, SIMROCK S, THUMULLA J, et al. Hintergrundbelastung des hausstaubes von privathauhalten mit mittel - undschwerfluchtigen organischen schadstoffen [J]. Umwelt Gesund-

heit, 1997. 2: 1 - 64.

[39] RUDEL R A, CAMANN D E, SPENGLER J D, et al. Phthalates, alkylphenols, pesticides, polybrominated diphenyl ethers, and other endocrine - disrupting compounds in indoor air and dust [J]. Environmental Science and Technology, 2003, 37: 4543 - 4553.

[40] SHARP R M. Phthalate exposure during pregnancy and lower anogenital index for boys: wider implications for the general population [J]. Environmental Health Perspectives, 2005, 113: A504 - A505.

[41] STAHLHUT R W, VAN WIJNGAARDEN E, DYE T D, et al. Concentrations of urinary phthalate metabolites are associated with increased waist circumference and insulin resistance in adult US males [J]. Environmental Health Perspectives, 2007, 115: 876 - 882.

[42] SWAN S H, MAIN K M, LIU F, et al. Decrease in anogenital distance among male infants with prenatal phthalate exposure [J]. Environmental Health Perspectives, 2005, 113: 1056 - 1061.

[43] TAO W, WANG X K, FENG J T, et al. Survey of indoor phthalate concentrations [J]. Journal of Environmental Health, 2013, 30: 735 - 736.

[44] TOFT G, JONSSON B A G, LINDH C H, et al. Association between pregnancy loss and urinary phthalate levels around the time of conception [J]. Environmental Health Perspectives, 2012, 120: 458 - 463.

[45] WANG F M, CHEN L, JIAO J, et al. Pollution characteristics of phthalate esters derived from household dust and exposure assessment [J]. China Environmental Science, 2012, 32: 780 - 786.

[46] WANG L X, ZHAO B, LIU C, et al. Indoor SVOC pollution in China: A review [J]. Chinese Science Bulletin, 2010, 55: 1469 - 1478.

[47] WANG X K, TAO W, XU Y, et al. Indoor phthalate concentration and exposure in residential and office buildings in Xi'an, China [J]. Atmospheric Environment, 2014, 87: 146 - 152.

[48] WENING M, UHDE E, SALTHAMMER T. Plastic additives in the indoor enviyonment - flame retardants and plasticizer [J]. Science of the Total Environment, 2005, 339: 19 - 40.

[49] WESCHLER C J, NAZAROFFW W. Semivolatile organic compounds in indoor environments [J]. Atmospheric Environment, 2008, 42: 9018 - 9040.

[50] WESCHLER C J, NAZAROFF W W. SVOC partitioning between the gas phase and settled dust indoors [J]. Atmospheric Environment, 2010, 44: 3609 - 3620.

[51] WHYATT R M, LIU X H, RAUH V A, et al. Maternal prenatal urinary phthalate metabolite concentrations and child mental, psychomotor, and behavioral development at 3 Years of age [J]. Environmental Health Perspectives, 2012, 120: 290 - 295.

[52] WILSON N K, CHUANG J C, LYU C, et al. Aggregate exposure of nine preschool children to persistent organic pollutants at daycare and at home [J]. Journal of Exposure Analysis and Environmental Epidemiology, 2003, 13: 187 - 202.

[53] WOLFF M S, TEITELBAUM S L, PINNEY S M, et al. Investigation of relationships between urinary biomarkers of phytoestrogens, phthalates, and phenols and pubertal stages in girls [J].

Environmental Health Perspectives, 2010, 118: 1039 – 1046.

[54] XU Y, COHEN – HUBAL E A, CLAUSEN P A, et al. Predicting residential exposure to phthalate plasticizer emitted from vinyl flooring – a mechanistic analysis [J]. Environmental Science and Technology, 2009, 43 (7): 2374 – 2380.

[55] XU Y, COHEN – HUBAL E A, LITTLE J C. Predicting residential exposure to phthalate plasticizer emitted from vinyl flooring – sensitivity, uncertainty, and implications for biomonitoring [J]. Environmental Health Perspectives, 2010, 118 (2): 253 – 258.

[56] XU Y, LIANG Y, URQUIDI J, et al. Semi – volatile organic compounds in heating, ventilation, and air – conditioning filter dust in retail stores [J]. Indoor Air, 2015, 25 (1): 79 – 92.

[57] ZHANG Q, LU X M, ZHANG X L, et al. Levels of phthalate esters in settled house dust from urban dwellings with young children in Nanjing, China [J]. Atmospheric Environment, 2013a, 69: 258 – 264.

[58] ZHANG Y P, MO J H, WESCHLER C J. Reducing health risks from indoor exposures in today's rapidly developing urban China [J]. Environmental Health Perspective, 2013b, 121: 751 – 755.

第 4 章

大学生宿舍降尘中邻苯二甲酸酯污染

邻苯二甲酸酯（PAEs）是一类增塑剂，被广泛用于新型合成材料中用以提高材料的柔韧性和拉伸性等力学性能。这些新型合成材料中的 PAEs 会慢慢迁移至空气、颗粒物、降尘和室内表面（Weschler 和 Nazaroff，2008），并通过口入、吸入和皮肤接触等途径进入人体（王立鑫等，2010）。PAEs 生物毒性表现为雌激素与抗雄激素活性，不仅会造成内分泌系统紊乱，还会引发男性尿道下裂、附睾、输精管等畸形、女童早熟、甲状腺和肺功能减退、糖尿病及肥胖症等疾病（王立鑫，杨旭，2010）。

多名学者对居室环境、办公室和幼儿园室内降尘中 PAEs 的污染特征进行了研究（Wang 等，2017；Guo，Kannan，2011；Wang 等，2014；Bu 等，2016；Gaspar 等，2014；王立鑫等，2017；王夫美等，2012），而宿舍是大学生主要的暴露环境，有研究表明大学生在宿舍度过的时间约占 50%（吕留根等，2011）。宿舍与其他室内环境相比，其空间狭小，人居密度大，室内存在较多新型合成材料及个人用品，且大学生宿舍新风明显不足（马丽等，2016）。由于宿舍环境的特殊性可能导致室内同样存在较严重的 PAEs 污染，但是目前针对这方面的研究明显不足。因此，本研究通过分析北京某高校西城区大学生宿舍降尘中 PAEs 的污染水平，确定 PAEs 的污染特征，为控制宿舍内 PAEs 污染，保护人体健康提供科学依据。

4.1 研究对象及方法

4.1.1 研究对象及采样方法

本研究以北京某高校西城校区大学生宿舍为研究对象，于 2016 年 12 月对 62 间宿舍进行采样；其中包括向阳宿舍 29 间，背阴宿舍 33 间；男生宿舍 18 间，女生宿舍 44 间。共采集降尘样品 62 个。宿舍位于市区且周围均为居民区，无明显工业源。

使用毛刷刷取宿舍不易打扫位置的降尘样品，弃去样品中大块硬物和毛发等杂质，然后装入标记好的铝箔袋内，将其密封并带回实验室，-18℃下保存。

4.1.2　前处理及分析方法

降尘样品的前处理过程包括4个步骤：①在干燥器中解冻降尘样品后，用250μm的筛子对降尘样品进行过筛处理，去除较大颗粒；②称取50~100mg过筛后降尘，用滤纸包好，然后用10mL二氯甲烷（色谱纯）超声萃取40min，转移萃取液；再重复萃取2次，合并3次萃取液；③将萃取液用旋转蒸发仪浓缩至大约5.0mL，然后用氮吹仪在K-D浓缩管中将萃取液浓缩至约1.0mL；④用0.45μm有机微孔滤膜对浓缩液进行净化处理并定容至1.0mL；待测。

GC-MS分析条件如下：①色谱柱：HP-5MS（30m×0.25mm×0.25μm）；②升温程序：初始柱温为100℃，保持2min，以10℃/min升至300℃，保持5min；③进样口温度：250℃；④传输线温度：280℃；⑤四级杆温度：150℃；⑥离子源：EI电离源；⑦温度：250℃；⑧电压：70eV；⑨进样量：1μL；⑩载气：氦气；⑪流速：1.0mL/min；⑫不分流进样；全扫描模式。

PAEs标准物质为溶于正己烷的15种PAEs混标液（Cat. No. M-8061-R1, AccuStandard，美国，1000μg/mL）。取适量标准物质配制标准溶液，浓度分别为0.1μg/mL、0.5μg/mL、10μg/mL、30μg/mL、50μg/mL、70μg/mL和100μg/mL；用上述方法分析标准溶液制作标准工作曲线，15种PAEs的线性相关系数R^2为0.9751~0.9991。以3倍信噪比（S/N）计算仪器检出限为0.001~0.015μg/mL，再以仪器检出限计算出方法检出限为0.014~0.208μg/g（所测降尘样品质量中值为73mg）。

4.1.3　质量控制与质量保证

实验过程中所用玻璃仪器使用前均需在150℃下烘烤4h，然后冷却至室温并依次用去离子水和二氯甲烷（色谱纯）清洗2~3次。随机抽取10个样品重复前处理过程并分析，PAEs均未检出。溶剂空白和实验室空白样品中PAEs均未检出。取浓度为5μg/mL、10μg/mL和20μg/mL的PAEs标液各1mL分别转移至10mLCH_2Cl_2溶剂中，并对其进行超声萃取、浓缩和GC-MS分析（方法同上），测试结果表明PAEs的回收率分别为72.92%~106.30%、84.10%~113.51%和86.70%~118.44%。将浓度为20μg/mL的标液用上述分析方法平行测定7次，PAEs的相对标准偏差（RSD）为4.24%~9.46%。

4.1.4　统计方法

用SPSS 19.0对数据进行统计分析。采用Spearman对降尘中的PAEs进行相关性分析，对不同组间PAEs浓度的差异性进行Kruskal-Wallis H检验。

4.2 宿舍降尘中 PAEs 污染总体水平及相关性分析

本研究降尘样品中 PAEs 含量水平与检出情况见表4-1 所示，所有样品均检出 PAEs，表明 PAEs 在宿舍中普遍存在。降尘中共检出邻苯二甲酸二异丁酯（DiBP）、邻苯二甲酸酯二正丁酯（DnBP）、邻苯二甲酸二环己酯（DCHP）和邻苯二甲酸二（2－乙基已基）酯（DEHP）4 种 PAEs，其中 DCHP 和 DEHP 的检出率为 100%，DnBP 检出率为 95.2%，而 DiBP 检出率只有 11.3%，其他 PAEs 未检出。DiBP、DnBP、DCHP 和 DEHP 的含量范围分别为 nd（未检出）~73.9μg/g、nd（未检出）~444.4μg/g、23.9 ~794.6μg/g 和 30.3 ~922.6μg/g，其中值范围是 nd（未检出）~237.4μg/g。PAEs 的总含量为 62.4 ~1847.3μg/g，其中值为 577.3μg/g。降尘中 DCHP 和 DEHP 均值含量较高，分别是 DnBP 均值的 1.7 和 2.1 倍，是 DiBP 均值的 87.2 和 105.7 倍。其原因是 DCHP 和 DEHP 的饱和蒸气压远低于 DnBP 和 DiBP，饱和蒸气压越低，邻苯二甲酸酯更易吸附于降尘中（Weschler，Nazaroff，2008；Xu 等，2015）。综上所述。宿舍降尘中 PAEs 的污染主要以 DiBP、DnBP、DCHP、DEHP 为主，其中 DCHP 和 DEHP 是最主要的两种 PAEs。

表 4-1　降尘中 PAEs 的含量　（单位：μg/g）

统计值	DiBP	DnBP	DCHP	DEHP	∑PAEs
平均值	2.6	131.0	226.0	273.8	651.4
中位数	nd	119.4	174.2	237.4	577.3
最小值	nd	nd	23.9	30.3	62.4
最大值	73.9	444.4	794.6	922.6	1847.3
检出率	11.3%	95.2%	100%	100%	100%

注：nd 为未检出。

利用 SPSS19.0 对 62 个降尘样品进行 Spearman 相关性分析（双侧），确定 PAEs 之间的相关性，统计结果见表 4-2 所示。除 DiBP 外，其他 3 种 PAEs 两两之间均有非常显著相关性（$p<0.01$），表明 DnBP、DEHP 和 DCHP 具有同源性，而 DiBP 可能具有不同的源。

表 4-2　降尘中 PAEs 的相关性

PAEs	DiBP	DnBP	DEHP	DCHP
DiBP	1	—	—	—
DnBP	0.183	1	—	—
DEHP	0.63	0.548**	1	—
DCHP	0.77	0.537**	0.993**	1

**表示非常显著相关（$p<0.01$）。

4.3 朝向和性别对室内降尘中 PAEs 含量的影响

不同朝向宿舍降尘中 PAEs 的含量如图 4-1 所示。由于 DiBP 检出率较低，因此，图 4-1 中并未列出。阴面宿舍 DnBP、DCHP 和 DEHP 的中值含量分别为 124.2μg/g、226.67μg/g 和 277.9μg/g，分别是阳面宿舍的 1.2、1.4 和 1.4 倍。通过 SPSS 软件对向阳和背阴宿舍降尘中的 DnBP、DCHP 和 DEHP 进行 Kruskal - Wails 组间差异性检验，结果表明向阳和背阴组间存在显著性差异（$p<0.05$），阴面宿舍降尘中 PAEs 含量水平高于位于阳面的宿舍。研究表明，冬季宿舍向阳和背阴宿舍内温度具有显著性差异，南向宿舍室内平均温度高于北向宿舍 1.4℃，且新风量无显著性差异（马丽等，2016）。温度越高，源中 PAEs 的释放速率越快（Wu 等，2016；Clausen 等，2012），温度对室内降尘中 PAEs 含量的影响较大（Pei 等，2018）。但是自然环境中 PAEs 可以吸收 290 ~ 400nm 的紫外光进行光解，有研究表明，0.5 ~ 10.0μg/L 的 DEHP 水溶液在模拟日光照射条件下，其光降解率可达 10% 左右（邹亚文等，2018），据此推测，在太阳光照条件下，室内 PAEs 有可能发生光降解，进而降低室内 PAEs 的含量。综上所述，背阴宿舍降尘中 PAEs 含量高于向阳宿舍的原因可能是温度和光降解综合作用的结果，但是这种综合影响还需要新一步深入研究。

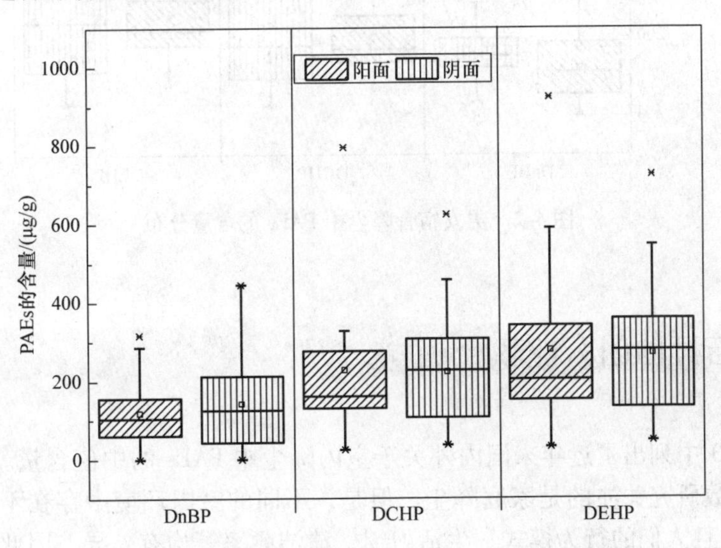

图 4-1 不同朝向宿舍降尘中 PAEs 的含量分布

图4-2所示为男女宿舍室内降尘中PAEs的含量水平，由图中可知，女生宿舍降尘中DnBP、DCHP、DEHP均高于男生宿舍。进行Kruskal－Wails组间差异检验，结果表明男女宿舍室内降尘中PAEs含量存在显著性差异（$p<0.05$）。研究表明，室内污染源（乳胶漆、涂料、家居清洁用品等）的存在与降尘中较高的PAEs含量存在显著相关性（张庆南，2016）。但是本研究在同一校区进行，男女宿舍内装饰装修情况较一致，因此造成男女宿舍降尘中PAEs含量差异的可能原因是个人护理用品的不同。由于女性生活习惯的差异，导致宿舍内存在较多的护理用品，如化妆品、香水、指甲油等。有研究表明，化妆品中检出DnBP和DEHP的平均浓度分别为43μg/L和59μg/L（王力强等，2014），香水中DnBP和DEHP的含量分别为0.5～6.5μg/g和0.7～379.7μg/g，指甲油中DnBP和DEHP的含量分别为0.2～261.4μg/g和0.5～3039.6μg/g（赵斯含，2018）。由此可见，个人护理用品是室内PAEs的污染源，其对室内降尘的影响不可忽略。

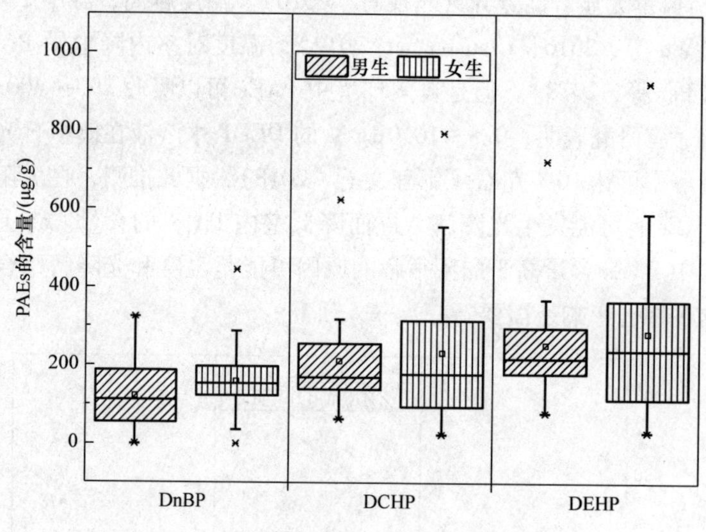

图4-2　男女宿舍降尘中PAEs的含量分布

4.4　与其他研究比较

表4-3中列出了近年来国内外关于室内降尘中PAEs的中值含量。由表4-3可知，多数研究关注的是家庭降尘。但是，不同的室内环境中存在不同类型的PAEs源，且人们的行为模式、生活习惯、清洁频率等均有差异，因此应该加强对非家庭环境室内PAEs污染的研究。

表4-3　室内降尘中邻苯二甲酸酯的中值含量比较　（单位：μg/g）

国家或地区	N	DEP	DnBP	DiBP	BBzP	DCHP	DEHP	参考文献
美国1	33	2.0	13.1	3.8	21.1	/	304	Guo，Kannan，2011
美国2	11	/	/	/	/	/	386	Hwang 等，2008
美国3（早教场所）	39	1.4	13.7	9.3	46.8	/	172.2	Gaspar 等，2014
德国	30	/	87.4	/	15.2	/	604	Abb 等，2009
丹麦	497	1.7	15	27	3.7	/	210	Langer 等，2010
丹麦（托儿中心）	151	2.2	38	23	17	/	500	Langer 等，2010
北京1（家庭）	10	/	42	/	5	44	1188	林兴桃等，2009
北京1（办公室）	10	10	18	/	/	15	104	林兴桃等，2009
北京1（宿舍）	10	28	44	/	/	22	468	林兴桃等，2009
中国多城市	75	0.4	20.1	17.2	0.2	/	228	Guo，Kannan，2011
天津冬季/夏季	26	<0.5	0.959/2.85	<0.5	<0.5	/	2.323/6.01	王夫美等，2012
南京	215	0.2	23.7	/	1.6	/	183	Zhang 等，2013
西安（家庭和办公室）	28	/	134.8	233.8	/	/	581.5	Wang 等，2014
重庆起居室/卧室	30	7.6/6.4	164.7/139.3	87.1/75.4	/	/	1543/1450	Bu 等，2016
北京2（幼儿园）	23	/	104	114	/	/	167	王立鑫等，2017
北京3（家庭）	23	/	68.8	85.4a	/	/	231	Wang 等，2017
北京3（办公室）	30	/	145	58.1	/	/	1310	Wang 等，2017
北京3（公共场所）	15	/	117	272	/	/	320	Wang 等，2017
本研究	**62**	/	**119.4**	**2.6**[a]	/	**174.2**	**237.4**	

注：/为未检出；[a]为均值。

本研究在大学生宿舍降尘中共检出DiBP、DnBP、DCHP和DEHP 4种PAEs，其中DEHP是中值含量最高的PAEs，污染最为严重，这与其他研究完全一致。但是本研究降尘中DCHP中值含量明显高于其他研究（Guo，Kannan，2011；林兴桃等，2009），表明宿舍室内DCHP污染较为严重，应引起重视。DnBP同样是宿舍降尘中重要的PAEs，本研究的中值含量与其他研究结果相当。降尘中DiBP含量较小，其均值只有2.6μg/g，与其他研究结果相比其值偏低，表明本研究宿舍环境中DiBP污染较轻。

综上所述，由于室内存在较多新型合成材料及个人生活用品，室内降尘中PAEs污染较为严重；而且建筑朝向、室内装饰装修、生活习惯等的差异，导致PAEs的污染特征也存在差异。因此，应对室内PAEs污染特征进行更加系统和深入的研究。

4.5 小结

1）宿舍降尘中4种PAEs的检出率是11.3% ~100%；DCHP和DEHP是含量最高的PAEs，含量为23.9 ~922.6μg/g；其次是DnBP和DiBP，含量为nd（未检出）~444.4μg/g。

2）背阴宿舍降尘中PAEs的含量水平高于向阳宿舍，女生宿舍降尘中PAEs的含量高于男生宿舍，表明宿舍内PAEs污染与朝向和性别有关。

3）大学生宿舍室内存在PAEs污染，应引起更多关注并加强此方面的研究。

参考文献

[1] 林兴桃，沈婷，禹晓磊，等．室内降尘中邻苯二甲酸酯污染特征分析［J］．环境与健康杂志，2009，26（12）：1109－1111.

[2] 吕留根，徐玉梅，张培，等．洛阳某高校宿舍感知空气品质调查与评价［J］．建筑热能通风空调，2011，30（2）：25－27，24.

[3] 马丽，王立鑫，申晓燕，等．北京市某高校冬季宿舍空气质量状况［J］．中国学校卫生，2016，37（3）：470－472.

[4] 王夫美，陈丽，焦姣，等．住宅室内降尘中邻苯二甲酸酯污染特征及暴露评价［J］．中国环境科学，2012，32（5）：780－786.

[5] 王力强，李荔群，吴岷，等．化妆品中酞酸酯物质测定及女性人群暴露评估［J］．中国公共卫生，2014，30（4）：478－481.

[6] 王立鑫，赵彬，刘聪，等．室内邻苯二甲酸酯（PAEs）暴露量分析［J］．建筑科学，2010，26（6）：73－80.

[7] 王立鑫，杨旭．邻苯二甲酸酯毒性及健康效应研究进展［J］．环境与健康杂志，2010，27（3）：276－281.

[8] 王立鑫，张微，庞雪莹，等．幼儿园室内降尘中邻苯二甲酸酯暴露研究［J］．科学技术与工程，2017，17（17）：139－143.

[9] 张庆男．住宅建筑室内邻苯二甲酸酯暴露与健康效应的研究［D］．天津：天津大学，2016.

[10] 邹亚文，张泽明，张洪海，等．水体系中3种常见邻苯二甲酸酯的光化学降解研究［J］．环境科学学报，2018，38（8）：3012－3020.

[11] 赵斯含．化妆品中邻苯二甲酸酯的测定及暴露水平评估［D］．西安：西安农林科技大学，2018.

[12] ABB M，HEINRICH T，SORKAU E，et al. Phthalates in house dust［J］. Environment International，2009，35（6）：965－970.

[13] BU Z M，ZHANG Y P，MMEREKI D，et al. Indoor phthalate concentration in residential a-

partments in Chongqing, China: Implications for preschool children's exposure and risk assessment [J]. Atmospheric Environment, 2016, 127: 34 - 45.

[14] CLAUSEN P A, LIU Z, KOFOED - SØRENSEN V, et al. Influence of temperature on the emission of di - (2 - ethylhexyl) phthalate (DEHP) from PVC flooring in the emission cell FLEC [J]. Environmental Science and Technology, 2012, 46: 909 - 915.

[15] GASPAR F W, CASTORINA R, MADDALENA R L, et al. Phthalate exposure and risk assessment in California child care facilities [J]. Environmental Science and Technology, 2014, 48 (13): 7593 - 7601.

[16] GUO Y, KANNAN K. Comparative assessment of human exposure to phthalate esters from house dust in China and the United States [J]. Environmental Science and Technology, 2011, 45 (8): 3788 - 3794.

[17] HWANG H M, PARK E K, YOUNG T M, et al. Occurrence of endocrine - disrupting chemicals in indoor dust [J]. Science of the Total Environment, 2008, 404 (1): 26 - 35.

[18] LANGER S, WESCHLER C J, FISCHER A, et al. Phthalate and PAH concentrations in dust collected from Danish homes and daycare centers [J]. Atmospheric Environment, 2010, 44 (19): 2294 - 2301.

[19] PEI J J, SUN Y H, YIN Y H. The effect of air change rate and temperature on phthalate concentration in house dust [J]. Science of the Total Environment, 2018, 639: 760 - 768.

[20] WESCHLER C J, NAZAROFF W W. Semivolatile organic compounds in indoor environments [J]. Atmospheric Environment, 2008, 42 (40): 9018 - 9040.

[21] WANG L X, GONG M Y, XU Y, et al. Phthalates in dust collected from various indoor environments in Beijing, China and resulting non - dietary human exposure [J]. Building and Environment, 2017, 124: 315 - 322.

[22] WANG X K, TAO W, XU Y, et al. Indoor phthalate concentration and exposure in residential and office buildings in Xi'an, China [J]. Atmospheric Environment, 2014, 87: 146 - 152.

[23] WU Y X, COX S S, XU Y, et al. A reference method for measuring emissions of SVOCs in small chambers [J]. Building and Environment, 2016, 95: 126 - 132.

[24] XU Y, LIANG Y R, URQUIDI J R, et al. Semi - volatile organic compounds in heating, ventilation, and air - conditioning filter dust in retail stores [J]. Indoor Air. 2015, 25: 79 - 92.

[25] ZHANG Q, LU X M, ZHANG X L, et al. Levels of phthalate esters in settled house dust from urban dwellings with young children in Nanjing, China [J]. Atmospheric Environment, 2013, 69 (3): 258 - 264.

第 5 章

幼儿园室内外多介质中邻苯二甲酸酯污染

室内材料中的邻苯二甲酸酯可逐渐释放到室内环境中，可对人体的呼吸系统、生殖系统和内分泌系统造成伤害。很多学者针对家庭降尘中的邻苯二甲酸酯进行了研究，但针对幼儿园环境的研究鲜有报道，大多数研究是针对发达国家；并且现有研究针对室内降尘进行测试分析，缺少室内气相和颗粒相邻苯二甲酸酯污染的研究。因此本研究选取北京市 6 所幼儿园，分析室内外气相、颗粒相和降尘相/土壤中的邻苯二甲酸酯污染及特征。

5.1 研究对象及方法

5.1.1 邻苯二甲酸酯标准曲线

7 种邻苯二甲酸酯混合标准溶液购于中国环境保护部环境标准物质研究所(1000μg/mL)，组分见表 5-1。将标准溶液稀释成 9 种浓度，分别为 0.1μg/mL、0.2μg/mL、0.5μg/mL、1μg/mL、2μg/mL、5μg/mL、20μg/mL、25μg/mL 和 40μg/mL，制作标准曲线。进样量为 1.0μL，每种浓度测量 3 次。标准曲线见图 5-1，其线性相关系数（R^2）为 0.9943 ~ 0.9980。

表 5-1 邻苯二甲酸酯混标及线性相关系数

邻苯二甲酸酯组分	CAS No.	R^2
Dimethyl phthalate（DMP）	131 - 11 - 3	0.9968
Diethyl phthalate（DEP）	84 - 66 - 2	0.9956
Di - n - butyl phthalate（DnBP）	84 - 74 - 2	0.9980
Diisobutyl phthalate（DiBP）	84 - 69 - 5	0.9970
Butyl benzyl phthalate（BBzP）	85 - 68 - 7	0.9943
Di（2 - Ethylhexyl）phthalate（DEHP）	117 - 81 - 7	0.9945
Di - n - octyl phthalate（DnOP）	117 - 84 - 0	0.9958

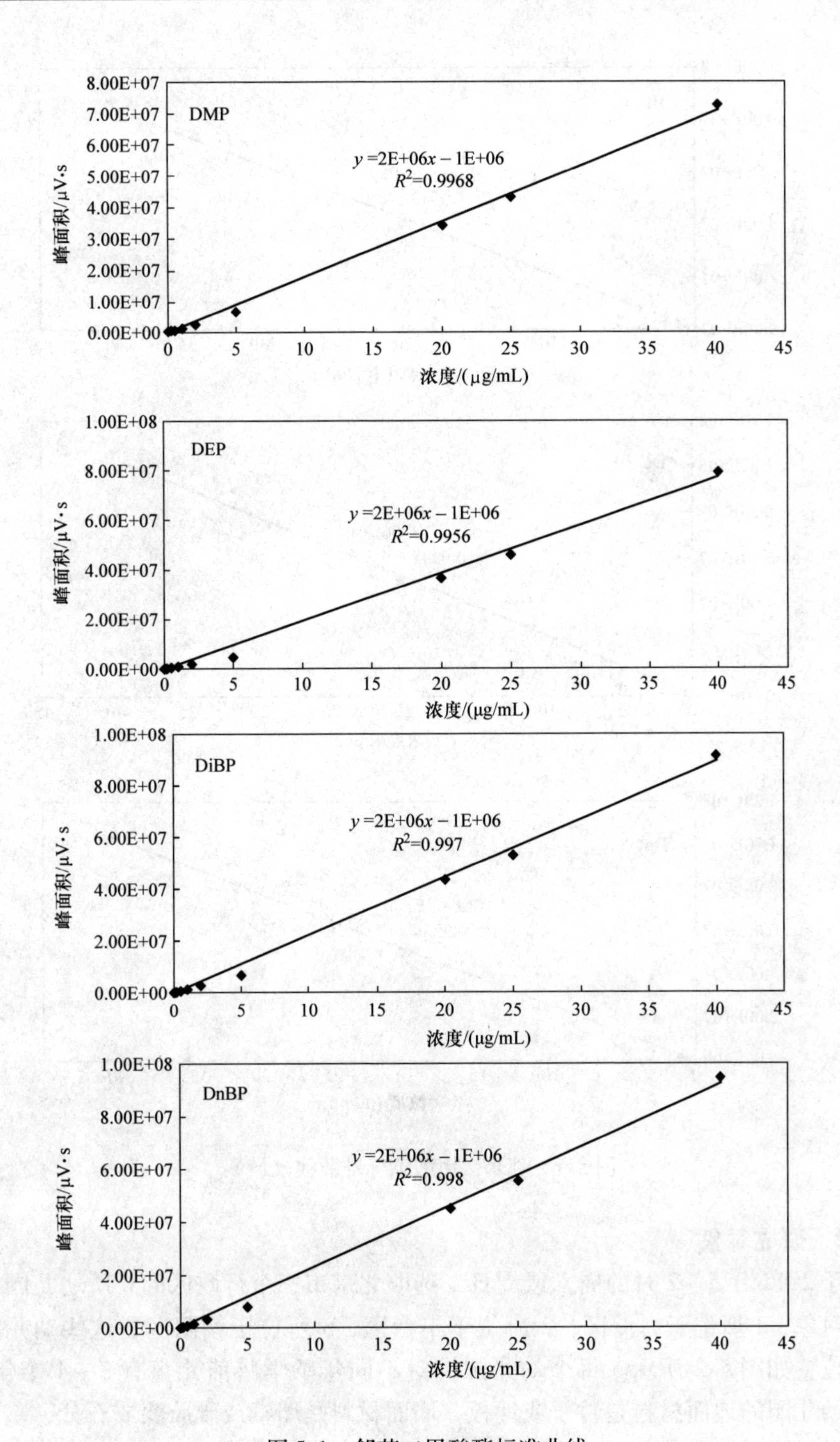

图 5-1　邻苯二甲酸酯标准曲线

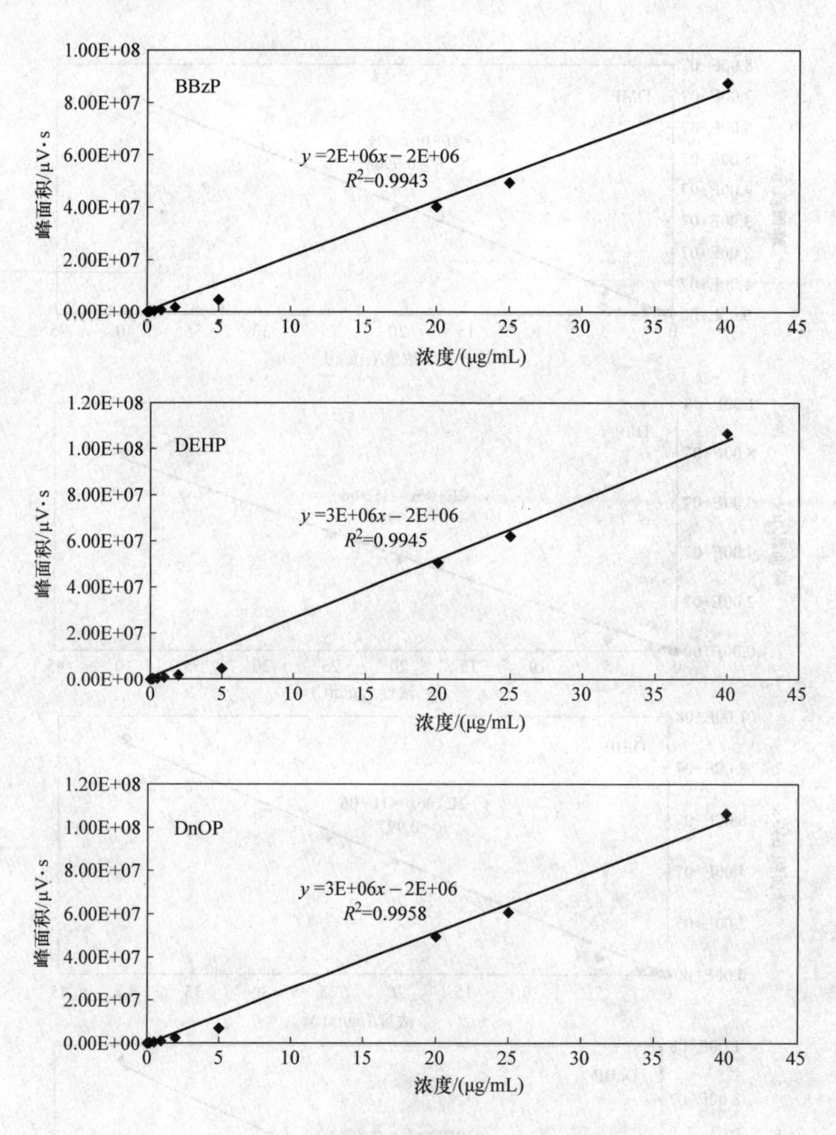

图 5-1　邻苯二甲酸酯标准曲线（续）

5.1.2　研究对象

于 2012 年 5 ~ 7 月的周六或周日，选取北京市三个行政区的 6 所幼儿园作为研究对象，1 所位于海淀区，2 所位于丰台区，3 所位于朝阳区。这些幼儿园的地理位置如图 5-2 所示。每个幼儿园针对不同年龄学龄前儿童有 3 ~ 4 个年级。这些幼儿园的地面材料是竹子或地板，墙面材料是墙纸或乳胶漆或石膏，室内家具材料是塑料和人造板材。6 所幼儿园的建筑年龄小于 15 年。

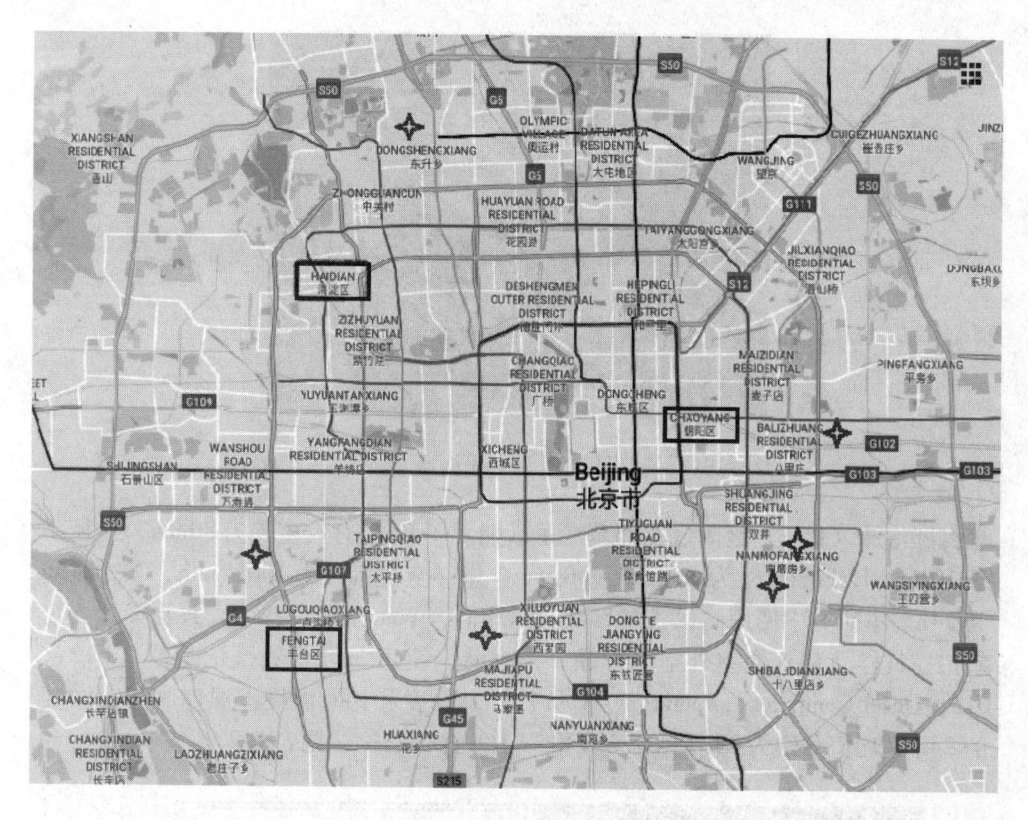

图5-2 幼儿园的地理位置

5.1.3 采集样品

将干净的石英纤维膜（QFFs）安装在不锈钢采样器（图5-3）上，并与便携式真空吸尘器连接。QFFs直径为50mm，孔径为0.3μm，效率为99.9%。采样时，采样器缓慢地在上表面（踢脚线和家具）和下表面（非走路地面）移动。在每个幼儿园的每个年级收集2份降尘样品，共收集45个样品。采集的降尘质量为0.0049～0.1830g。室内降尘的采样方法与已发表的研究所用方法一致（Wang等，2017）。

在幼儿园的操场附近收集室外土壤样品。在土壤表面划出10cm×10cm的区域，取表面土壤（大约3mm深）作为样品，并放入铝箔袋中。在每个幼儿园收集2个室外土壤样本，共收集12个样本。土壤样品质量为0.0908～0.2550g。

室内外气相和颗粒相样品使用半挥发性有机化合物采样器（HB 13－120G，北京卓川电子科技有限公司）进行取样，采样器及结构如图5-4所示，该采样器是根据美国EPA方法TO13－A（EPA，1999）设计的。在设定采样体积和时间后，可通过石英纤维膜（QFFs）收集空气中的颗粒相邻苯二甲酸酯，并通过

图 5-3　降尘采样器

聚氨酯泡沫（PUF）吸附气相邻苯二甲酸酯。QFFs 的有效直径为 80mm，孔径小于 10μm。PUF 的尺寸为 ϕ90mm × 50 mm。采样空气流量为 100L/min，采样时间为 24h。本研究中使用的设备与参考文献相同（Wang 等，2014）。共收集到 7 个室内空气样品和 6 个室外空气样品。采样时，使用 HOBO 数据记录器（U12 - 012，Onset Computer Corporation，USA）记录温度和相对湿度。温度和相对湿度的 24h 平均值分别为 23.7 ~31.3℃和 34.9% ~75.3%，见表 5-2。

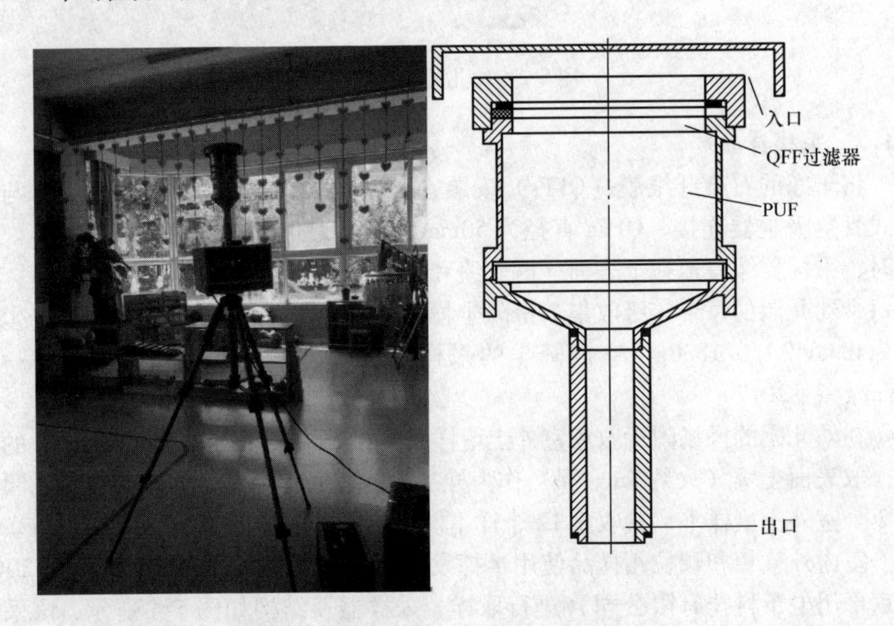

图 5-4　半挥发性有机化合物采样器及结构

取样后，将所有样品用铝箔包裹，保存在聚乙烯自封袋中，并存储在 18℃ 的冰箱中直至分析。所有样品在 3 个月内分析完毕。6 所幼儿园共收集 83 份测试样品，样品信息见表 5-2。

表 5-2　样本信息及环境参数

幼儿园	室内降尘样本	室外土壤样本	室内 PUF 样本	室内 PM_{10} 样本	室外 PUF 样本	室外 PM_{10} 样本	温度① /℃	相对湿度① (%)
H1	8	2	2	2	1	1	23.7 ~ 31.3	37.6 ~ 59.3
F1	6	2	1	1	1	1	26.0 ~ 27.6	63.3 ~ 75.3
F2	9	2	1	1	1	1	26.5 ~ 28.6	60.6 ~ 72.9
C1	8	2	1	1	1	1	25.4 ~ 27.6	34.9 ~ 58.7
C2	6	2	1	1	1	1	26.6 ~ 29.5	61.1 ~ 73.0
C3	8	2	1	1	1	1	26.8 ~ 31.1	38.7 ~ 58.3
合计	45	12	7	7	6	6	23.7 ~ 31.3	34.9 ~ 75.3

① 24h 平均值。

5.1.4　前处理及分析

降尘/土壤样品的预处理方法如下：①将样品通过 250μm 筛子除去毛发和其他颗粒；②用滤纸包裹样品，用索氏提取器在 70℃ 下用 120mL 二氯甲烷（色谱纯，Mreda Technology Inc.，USA）提取 6h；③在旋转蒸发器中将提取液浓缩至约 5.0mL；④将浓缩的样品通过有机微孔滤膜（孔径为 0.45μm）过滤；⑤在温和的氮气流下，在 K－D 浓缩管中将提取液浓缩至 1.0mL。

对于 QFFs 和 PUF 样品，首先将这些样品在室温下放入干燥器中解冻 24h，然后用滤纸包好 QFFs 样品，放入索氏提取器在 70℃ 下用 120mL 二氯甲烷提取 6h；将 PUF 样品用 700mL 二氯甲烷在 70℃ 下提取 48h。提取后，将提取液进行浓缩、过滤和氮吹，方法同上。

前处理后，所有样品用气相色谱/质谱联用仪（GC－MS，（DSG，Thermo－Fisher）进行分析。分析方法如下：色谱柱为 AB－5MS（30m × 0.25mm × 0.25um），初始柱温为 150℃，保持 2min 后，升温速率为 3℃/min，最终柱温为 300℃，保持 5min；载气为氦气，流速为 20mL/min；不分流进样；离子源为 EI 电离源，温度为 250℃；离子能量为 70eV；扫描速率为 1000cps，模式为全扫描，范围为 35.0 ~ 650amu。

邻苯二甲酸酯的仪器检测限（IDL）以 3 倍信噪比进行计算，IDL 为0.001 ~ 0.02μg/mL。使用 IDL 和降尘/土壤样品质量中值（0.1g）计算降尘/土壤测量方法检测限（D/S－MDL），D/S－MDL 的范围为 0.03 ~ 0.10μg/g。PUF/QFF 测量方法检测限（P/Q－MDL）也根据 IDL 和采样空气量（$144m^3$，24h）计算，P/Q－MDL 的范围为 0.007～0.14ng/m^3。

5.1.5 质量控制和质量保证

采样前，为去除目标和干扰化合物，QFFs 在 300℃的烘箱中加热 4h，PUF 用色谱纯二氯甲烷在 70℃下提取 48h，并在 200℃的烘箱中干燥；QFFs 和 PUF 冷却至室温后，放入聚乙烯自封袋中，－18℃保存。实验过程中使用的玻璃器皿在 300℃下烘烤 4h，并在使用前用色谱纯二氯甲烷清洗。采样前后，用二氯甲烷清洁降尘采样器滤膜支架和喷嘴。

溶剂空白、实验室空白和现场空白中的邻苯二甲酸酯含量均低于检测限。在空白 QFF 和 PUF 中加入 5μg 邻苯二甲酸酯测定回收率，结果表明回收率在 84.1%～113.3%。此外，重复测定 20μg/mL 标准溶液 7 次，评估测量方法的精确度，其相对标准偏差（RSD）为 4.2%～9.5%。

5.1.6 统计分析

使用 SPSS 软件 19.0 版进行数据统计分析。低于检测限的含量被指定为检测限的一半。Mann－Whitney U 检验用于比较表面含量之间的差异。Kruskal Wallis H（K）检验用于比较年级和幼儿园的浓度差异。Spearman 相关性用于分析邻苯二甲酸酯之间的相关性。统计学显著性设定为 $p<0.05$。

5.2 幼儿园室内外介质中邻苯二甲酸酯的含量

5.2.1 降尘/土壤中邻苯二甲酸酯的含量

表 5-3 所示是幼儿园室内外环境介质中邻苯二甲酸酯的检出率及浓度和含量分布。在室内降尘和室外土壤样品中仅检测到 DiBP、DnBP 和 DEHP，检出率为 75%～100%。室内降尘中 DiBP、DnBP 和 DEHP 的中值含量分别为 114.0μg/g、88.3μg/g 和 183.0μg/g；室外土壤中 DiBP、DnBP 和 DEHP 的中值含量分别为 9.46μg/g、6.11μg/g 和 13.7μg/g。图 5-5 表明所有降尘和土壤样品中 DEHP 的相对贡献最大，平均百分比分别为 48.4% 和 45.5%；土壤样品中 DiBP 和 DnBP 的平均贡献率为 15.8%～38.6%，在降尘中的平均贡献率为 25.1%～26.5%。

经非参数检验（Mann－Whitney U），室内降尘中 DEHP 含量显著高于 DnBP 和 DiBP，而 DnBP 和 DiBP 含量相当；室外土壤中 DEHP 和 DiBP 的浓度显著高于 DnBP，而 DEHP 和 DiBP 的含量相当。幼儿园室内降尘和室外土壤中 DEHP 均是最丰富的邻苯二甲酸酯，这与我国家庭降尘中邻苯二甲酸酯含量的研究（林兴桃等，2009；Guo，Kannan，2011；王夫美等，2012；陶伟等，2013；Wang 等，

2014；Bu 等，2016）和中国北京以及广州城市土壤中邻苯二甲酸酯含量的研究结果一致（Li 等，2006；Zeng 等，2009）。室内降尘中邻苯二甲酸酯含量比土壤中高 1－2 个数量级，含量具有统计学差异（$p<0.05$），见表 5-4，表明幼儿园室内存在更多的邻苯二甲酸酯的源。

非参数检验（Mann－Whitney U）结果表明幼儿园室内上下表面降尘中 DiBP、DnBP 和 DEHP 的浓度无显著差异（$p>0.05$）。Kruskal－Wallis H（K）检验结果表明不同年级室内降尘中 DiBP、DnBP 和 DEHP 的含量无显著差异（$p>0.05$）；但是不同幼儿园 DiBP 和 DEHP 的含量有显著差异（$p<0.05$）。其原因可能是对于同一所幼儿园室内邻苯二甲酸酯源的数量或清洁频率差别不大，但不同幼儿园之间可能存在差异。

表 5-3　幼儿园室内外介质中邻苯二甲酸酯的检出率及含量和浓度分布

介质	样本数	邻苯二甲酸酯	检出率（%）	均值	Std	最小值	中值	最大值
室内降尘/（μg/g）	45	DiBP	100	1.66E+02	2.51E+02	1.92E+01	1.14E+02	1.64E+03
		DnBP	100	1.24E+02	1.02E+02	1.85E+01	8.83E+01	4.56E+02
		DEHP	100	3.33E+02	4.32E+02	1.67E+01	1.83E+02	2.24E+03
室外土壤/（μg/g）	12	DiBP	100	1.07E+01	3.31E+00	7.05E+00	9.46E+00	1.77E+01
		DnBP	75	6.32E+00	1.91E+00	3.03E+00	6.11E+00	1.00E+01
		DEHP	100	1.24E+01	3.53E+00	5.97E+00	1.36E+01	1.73E+01
室内气相/（ng/m^3）	7	DMP	71.4	5.13E+02	8.82E+02	6.86E+01	1.46E+02	2.09E+03
		DEP	71.4	3.87E+01	1.99E+01	2.35E+01	3.17E+01	7.27E+01
		DiBP	100	6.17E+02	4.84E+02	2.41E+01	5.37E+02	1.34E+03
		DnBP	100	4.10E+02	2.88E+02	1.14E+01	4.74E+02	7.65E+02
		DEHP	100	7.64E+01	2.74E+01	4.37E+01	8.04E+01	1.25E+02
室外气相/（ng/m^3）	6	DMP	50	4.52E+01	2.60E+01	2.62E+01	3.47E+01	7.48E+01
		DiBP	100	4.91E+01	4.70E+01	6.50E+00	3.53E+01	1.22E+02
		DnBP	100	5.47E+01	6.12E+01	1.13E+01	1.80E+01	1.44E+02
		DEHP	100	5.59E+01	3.81E+01	2.15E+01	4.14E+01	1.27E+02
室内颗粒相（PM_{10}）/（ng/m^3）	7	DiBP	71.4	5.15E+02	3.93E+02	3.78E+01	7.10E+02	9.03E+02
		DnBP	100	5.16E+02	3.36E+02	1.27E+01	6.39E+02	8.23E+02
		DEHP	100	1.46E+02	1.24E+02	4.93E+01	8.39E+01	3.58E+02
室外颗粒相（PM_{10}）/（ng/m^3）	6	DiBP	100	4.68E+01	3.49E+01	8.20E+00	4.54E+01	8.49E+01
		DnBP	100	6.62E+01	7.22E+01	8.85E+00	4.05E+01	1.96E+02
		DEHP	100	9.32E+01	8.87E+01	2.77E+01	5.82E+01	2.59E+02

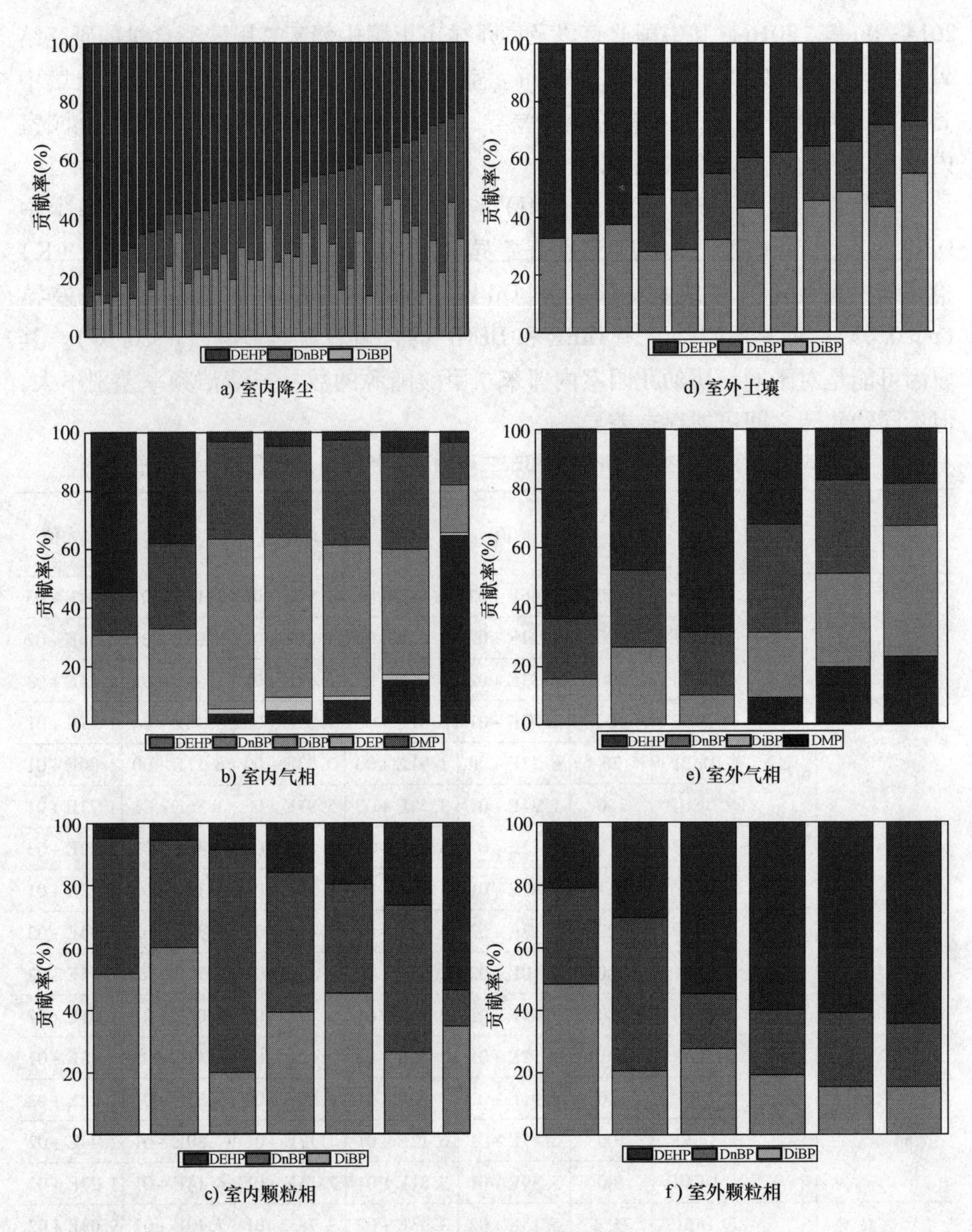

图 5-5　室内外介质中邻苯二甲酸酯的分布

5.2.2　气相和颗粒相中邻苯二甲酸酯的浓度

幼儿园室内和室外 PUF 样品中分别检测到 5 种和 4 种邻苯二甲酸酯，检出率分别为 71.4% ~100% 和 50% ~100%。室内 DMP、DiBP 和 DnBP 的气相平均浓度比 DEP 和 DEHP 高一个数量级，室外邻苯二甲酸酯的气相平均浓度在同一数量级，见表5-3。DiBP和DEHP在室内外气相中占主导地位，平均占比分别为41.0%和41.7%；除DEP外，其他邻苯二甲酸酯在室内和室外气相中的平均占比差异不大，为16.6%~27.4%，如图5-5所示。

在室内和室外颗粒相中仅检测到3种邻苯二甲酸酯，DiBP、DnBP和DEHP。室内检出率为71.4%~100%，室外检出率为100%。室内颗粒相中邻苯二甲酸酯平均浓度与室外大致相同。DiBP和DnBP在室内颗粒相中的的占比分别为39.6%和41.1%，远高于DEHP（19.3%）。室外颗粒相中DEHP占比最大，平均为48.6%，而DiBP和DnBP的占比相当（24.4%~26.9%），见图5-5。

室内和室外邻苯二甲酸酯的气相浓度与颗粒相浓度之间无显著相关性（$p>0.05$），见表5-4，表明邻苯二甲酸酯的气相浓度和颗粒相浓度相当。DMP、DiBP、DnBP和DEHP的气相浓度室内外（I/O）比中值为2.2~24.0，平均I/O比为11.4。非参数检验（Mann－Whitney U）结果显示室内DiBP气相浓度显著高于室外（$p<0.05$），而DMP、DnBP和DEHP无显著差异（$p>0.05$），见表5-4。邻苯二甲酸酯颗粒相浓度I/O比为1.4~15.8，平均值为10.9。非参数检验（Mann－Whitney U）结果显示室内DiBP和DnBP颗粒相浓度与室外有显著差异（$p<0.05$），而DEHP无显著差异（$p>0.05$）。

表5-4　室内和室外介质中邻苯二甲酸酯浓度差异性检验*p*值①

介质	DMP	DiBP	DnBP	DEHP
室内降尘－室外土壤	—	0.000	0.000	0.000
室内气相－室外气相	0.053	0.032	0.062	0.223
室内颗粒相－室外颗粒相	—	0.032	0.032	0.199
室内气相－室内颗粒相	—	0.749	0.277	0.225
室外气相－室外颗粒相	—	1.000	0.855	0.584

① 统计显著性为0.05（双尾）。

5.3　邻苯二甲酸酯的共源性

表5-5所示是室内外环境介质中邻苯二甲酸酯之间的相关性。降尘中DiBP、DnBP和DEHP的含量呈正相关（$p<0.05$），室内气相中DiBP和DnBP的相关性显著（$p<0.05$）。然而，室内气相中DMP和DEHP与其他邻苯二甲酸酯无显著相关性（$p<0.05$）。此外，室内颗粒相中DiBP、DnBP和DEHP的浓度之间的相关性不显著（$p<0.05$）。这些结果表明，室内降尘中DiBP、DnBP和DEHP的来源可能一致，室内气相中DiBP和DnBP的来源相同；而室内气相中DMP、DEP和DEHP的来源可能与其他邻苯二甲酸酯不同。室内颗粒相中各邻苯二甲酸酯可能来自不同的源。

对于室外介质中邻苯二甲酸酯，分析结果表明，土壤中DiBP和DnBP之间、气相中DMP和DiBP以及DnBP和DEHP之间、颗粒相中DnBP和DEHP之间存在显著正相关（$p<0.05$）。表明无论室外气相和颗粒相中 DnBP 和 DEHP 可能来自相同的源。土壤中的 DiBP 和 DnBP 可能来自同一来源，但是 DEHP 来源与 DiBP 和 DnBP 不同。气相中 DMP 和 DiBP 可能来源一致，但与 DnBP 和 DEHP 的来源并不一致。

由于 DiBP 和 DnBP 是同分异构化合物，这两种邻苯二甲酸酯很可能来自同一来源；但是，这种共源性与采集介质有关。DMP 和 DEP 是低相对分子质量邻苯二甲酸酯，而 DEHP 是高相对分子质量邻苯二甲酸酯，在室内外气相中这两类邻苯二甲酸酯具有不同的来源。对于中等相对分子质量的邻苯二甲酸酯、DiBP 或 DnBP，它们的来源某些情况下可能与 DMP 或 DEP 相同；DnBP 的来源有时可能与 DEHP 相同。因此，幼儿园的室内外邻苯二甲酸酯的来源复杂多样。

表 5-5　邻苯二甲酸酯之间的 Spearman 相关性系数

介质	邻苯二甲酸酯	DiBP		DnBP	DEHP	
室内降尘	DiBP	1.000		—	—	
	DnBP	0.572**		1.000	—	
	DEHP	0.685**		0.450*	1.000	
室外土壤	邻苯二甲酸酯	DiBP		DnBP	DEHP	
	DiBP	1.000		—	—	
	DnBP	0.669*		1.000	—	
	DEHP	-0.392		-0.035	1.000	
室内气相	邻苯二甲酸酯	DMP	DEP	DiBP	DnBP	DEHP
	DMP	1.000	—	—	—	—
	DEP	-0.700	1.000	—	—	—
	DiBP	-0.700	0.300	1.000	—	—
	DnBP	-0.600	0.500	0.964**	1.000	—
	DEHP	0.700	-0.200	0.393	0.429	1.000
室外气相	邻苯二甲酸酯	DiBP		DnBP	DEHP	
	DiBP	1.000		—	—	
	DnBP	0.800		1.000	—	
	DEHP	0.600		0.900*	1.000	
室内颗粒相	邻苯二甲酸酯	DiBP		DnBP	DEHP	
	DiBP	1.000		—	—	
	DnBP	0.321		1.000	—	
	DEHP	0.429		0.643	1.000	
室外颗粒相	邻苯二甲酸酯	DiBP		DnBP	DEHP	
	DiBP	1.000		—	—	
	DnBP	0.771		1.000	—	
	DEHP	0.543		0.886*	1.000	

注：*统计显著性 $p<0.05$（双尾）；**统计显著性 $p<0.01$（双尾）。

5.4　邻苯二甲酸酯分配系数的估算

5.4.1　灰尘和气相之间的分配

Weschler 和 Nazaroff（2008，2010）建立了用辛醇-空气分配系数（K_{oa}）方法估算室内平衡分配。K_{dg}定义为邻苯二甲酸酯在降尘和气相之间的分配系数。平衡条件下，K_{dg}符合下式（Weschler，Nazaroff，2008）：

$$K_{dg} = \frac{c_d}{c_g} = \frac{f_{om,d} \times K_{oa}}{\rho_d} \tag{5-1}$$

式中，c_d 是降尘中邻苯二甲酸酯含量（μg/g）；c_g是气相中邻苯二甲酸酯浓度（ng/m^3）；$f_{om,d}$是降尘中有机物的体积分数；ρ_d 是降尘密度。基于 Hunt 等（1992）报道的测量结果，$f_{om,d}$为 0.2，ρ_d为 2.0×10^6 g/m^3。

在实际室内环境中，邻苯二甲酸酯在降尘和气相之间的分配系数与辛醇-空气分配系数可用式（5-2）表示。

$$\log\left(\frac{c_d}{c_g}\right) = a \times \log K_{oa} + b \tag{5-2}$$

本研究结果与以往研究的比较如图 5-6 所示。图中所示的本研究中邻苯二甲酸酯的线性回归方程斜率小于 Weschler、Nazaroff（2010）和 Bekö 等（2013）

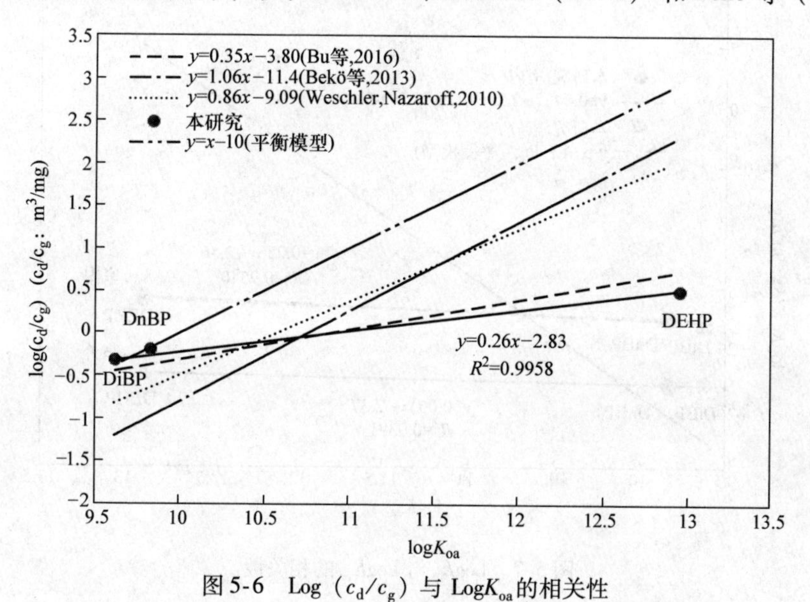

图 5-6　Log（c_d/c_g）与 LogK_{oa}的相关性

的研究，但与 Bu 等人（2016）在重庆的研究很接近。造成这种差异的主要原因是 DEHP 的 Log（c_d/c_g）值较低。Weschler、Nazaroff（2010）及 Bekö 等（2013）的研究假设邻苯二甲酸酯在气相和颗粒相之间瞬时达到平衡，气相浓度由平衡模型进行估算。但是在本研究和 Bu 等（2016）的研究中邻苯二甲酸酯的气相浓度是直接测量的。

5.4.2 颗粒相和气相之间的分配

K_p定义为邻苯二甲酸酯在颗粒相和气相之间的分配系数。平衡条件下 K_p符合式（5-3）（Weschler，Nazaroff，2008）：

$$K_p = \frac{c_p}{c_g \times TSP} = \frac{f_{om,p} \times K_{oa}}{\rho_p} \tag{5-3}$$

式中，K_p是邻苯二甲酸酯在颗粒相和气相之间的分配系数（$m^3/\mu g$）；c_p是邻苯二甲酸酯颗粒相浓度（ng/m^3）；TSP 是颗粒物浓度（$\mu g/m^3$）；$f_{om,p}$是颗粒物中有机物的体积分数；ρ_p是颗粒物密度。假定$f_{om,p}$为 0.4（Fromme 等，2005），ρ_p为 $1.0\times10^6 g/m^3$（Turpin，Lim，2001）。

室内外颗粒物（动力学直径≤10μm，PM_{10}）浓度可以通过 QFF 采集的颗粒物质量除以采样体积获得。室内外 PM_{10}浓度分别为 25.8 ~ 105.2μg/m³ 和187.6 ~ 268.8μg/m³。邻苯二甲酸酯的 K_p值可以通过式（5-3）计算。根据室内外 DiBP、DnBP 和 DEHP 的 K_p均值可确定 $\log K_p$和 $\log K_{oa}$之间的线性关系，如图 5-7 所示。

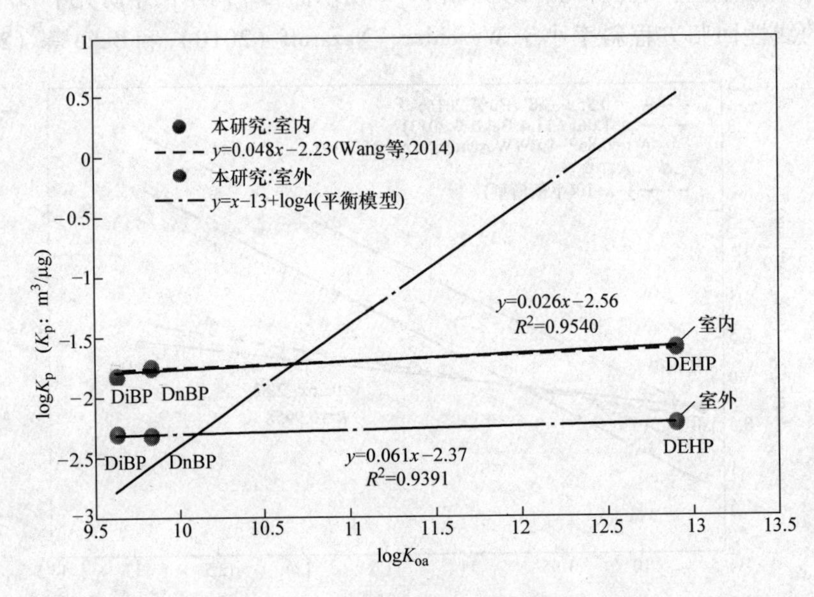

图 5-7　$\mathrm{Log}K_p$与 $\mathrm{Log}K_{oa}$的相关性

本研究结果与 Wang 等（2014）的研究结果相近，原因是尽管所研究的室内环境类型不同，但使用的邻苯二甲酸酯采样设备完全一致。但是，本研究和 Wang 等（2014）的研究结果与平衡模型存在较大差异，主要的原因是室内环境受到空气扰动以及室外的影响，邻苯二甲酸酯很难达到相平衡状态；而且由于 QFFs 吸附了空气中部分邻苯二甲酸酯，因此低估了邻苯二甲酸酯气相浓度，高估了邻苯二甲酸酯颗粒相浓度。室外颗粒相和气相邻苯二甲酸酯的平衡影响因素较多，且邻苯二甲酸酯的源主要存在于室内，因此相平衡更难达到。综上所述，室内外环境中邻苯二甲酸酯的相平衡需要进一步研究。

5.5　与其他研究比较

国内外关于幼儿园室内外邻苯二甲酸酯的污染研究相对较少，表 5-6 所示是本研究结果与国外相关研究的比较。由表中可知，对于幼儿园室内降尘，本研究 DiBP 的中值含量为 94.8~114μg/g，明显高于国外相关研究的中值含量（2.6~23μg/g）；而本研究中 DnBP 和 DEHP 的中值含量与国外大多数研究在同一数量级，BBzP 只在国外幼儿园室内降尘中检出。对于幼儿园室内空气中的邻苯二甲酸酯而言，本研究 DEP 的中值含量低于国外相关研究一个数量级，DiBP 和 DnBP 的中值含量高于国外相关研究一个数量级，DEHP 的中值含量与国外大多数相关研究在同一数量级，本研究室内空气中 BBzP 未检出。

表 5-6　与其他研究比较

介质	地点	N	DMP	DEP	DiBP	DnBP	BBzP	DEHP	参考文献
室内降尘/(μg/g)	美国 1，NC（幼儿园）①	4	/	/	/	1.9	3.7	/	Wilson 等，2003
	美国 2，OH（幼儿园）	16	/	/	/	15	29	/	Morgan 等，2004
	美国 2，NC（幼儿园）	13	/	/	/	14	58	/	
	美国 3（儿童保育设施）	40	/	1.4	9.3	13.7	46.8	172.2	Gaspar 等，2014
	美国 4，Delaware（幼儿园）	5	0.097①	5.8	13	20	167	618	Bi 等，2015
	丹麦（幼儿园）	151	/	2.2	23	38	17	500	Langer 等，2010
	德国（幼儿园）	63	0.3	1.4	20	21	6	888	Fromme 等，2013
	瑞典（幼儿园）	10	0.14	4.2	2.6	150	31	1600	Bergh 等，2011
	中国，北京（幼儿园）	5	/	/	94.8	31.2	/	202	Wang 等，2017
	中国，北京（幼儿园）	6	/	/	114	88.3	/	183	本研究

（续）

介质	地点	N	DMP	DEP	DiBP	DnBP	BBzP	DEHP	参考文献
室内空气/(μg/m^3)	德国幼儿园（G+P）	63	76	183	468	227	/	194	Fromme 等，2013
	美国幼儿园（G+P）	29	/	/	/	239①	100①	/	Wilson 等，2001
	美国(NC)幼儿园(G+P)	16	/	/	/	380	<57	/	Morgan 等，2004
	美国(OH)幼儿园(G+P)	13	/	/	/	320	<35	/	
	德国幼儿园(G+P)	74	331	353	/	1188	<10	458	Fromme 等，2004
	挪威幼儿园 PM$_{10}$	3	/	/	/	53，58，90	5，13，27	5，8，29	Rakkestad 等，2007
	挪威幼儿园 PM$_{2.5}$	3	/	/	/	42，58，88	7，22，31	4，19，20	
	瑞典幼儿园（G+P）	10	4.7	870	205	227	21	245	Bergh 等，2011
	美国儿童保育设施（G）	40	/	210	/	520	100	100	Gaspar 等，2014
	中国，北京（G）	6	146.1	31.7	537.0	473.8	/	80.4	本研究
	中国，北京（P）	6	/	/	709.6	639.0	/	83.9	
	中国，北京（G+P）	6	146.1	31.7	1362.0	1056.1	/	164.3	

注：/为未检出。

① 均值；G：气相；P：颗粒相。

5.6 小结

幼儿园室内外环境介质中均存在邻苯二甲酸酯污染。DnBP、DiBP 和 DEHP 是幼儿园室内降尘和室外土壤中最主要的邻苯二甲酸酯，其中 DEHP 的污染最为严重；室内气相中 DMP、DiBP 和 DnBP 浓度高于 DEP 和 DEHP 一个数量级，而室外气相中邻苯二甲酸酯浓度在同一数量级；室内外颗粒相中检出 DiBP、DnBP 和 DEHP 共 3 种邻苯二甲酸酯。

幼儿园室内环境中存在多种物品和材料，因此室内气相、颗粒相和降尘相中邻苯二甲酸酯的来源复杂多样，需要进一步深入研究。邻苯二甲酸酯在多相介质中的平衡分配由于受到空气扰动及室外的影响，其相平衡需要进一步深入系统的研究。针对幼儿园室内外邻苯二甲酸酯的研究较少，但是幼儿园是学龄前儿童非常重要的生活学习环境，因此应该加强此方面的研究，以评估学龄前儿童对邻苯二甲酸酯的暴露及健康风险。

参考文献

[1] 林兴桃，沈婷，禹晓磊，等．室内降尘中邻苯二甲酸酯污染特征分析［J］．环境与健康杂志，2009，26（12）：1109－1111.

[2] 陶伟，王新珂，冯江涛．室内环境中邻苯二甲酸酯水平调查［J］．2013，30（8）：735－736.

[3] 王夫美，陈丽，焦姣，等．住宅室内降尘中邻苯二甲酸酯污染特征及暴露评价［J］．中国环境科学，2012，32（5）：780－786.

[4] BEKÖ G，WESCHLER C J，LANGER S，et al. Children's phthalate intakes and resultant cumulative exposures estimated from urine compared with estimates from dust ingestion，inhalation and dermal absorption in their homes and daycare centers［J］. PLoS One，2013，8：e62442，1－18.

[5] BERGH C，TORGRIP R，EMENIUS G，et al. Organophosphate and phthalate esters in air and settled dust－a multi－location indoor study［J］. Indoor Air，2011，21：67－76.

[6] BI X L，YUAN S J，PAN X J，et al. Comparison，association，and risk assessment of phthalates in floor dust at different indoor environments in Delaware，USA［J］. Journal of Environmental Science and Health Part A－Toxix/Hazardous Substance and Environmental Engineering，2015，50：1428－1439.

[7] BU Z M，ZHANG Y P，MMEREKI D，et al. Indoor phthalate concentration in residential apartments in Chongqing，China：Implications for preschool children's exposure and risk assessment［J］. Atmospheric Environment，2016，127：34－45.

[8] EPA，U. S.，1999. Method TO－13A，Compendium of methods for the determination of toxic organic compounds in ambient air.

[9] FROMME H，LAHRZ T，HAINSCH A，et al. Elemental carbon and respirable particulate matter in the indoor air of apartments and nursery schools and ambient air in Berlin［J］. Indoor Air，2005，15：335－341.

[10] FROMME H，LAHRZ T，KRAFT M，et al. Phthalates in German daycare centers：occurrence in air and dust and the excretion of their metabolites by children（LUPE 3）［J］. Environment International，2013，61：64－72.

[11] FROMME H，LAHRZ T，PILOTY M，et al. Occurrence of phthalates and musk fragrances in indoor air and dust from apartments and kindergartens in Berlin（Germany）［J］. Indoor Air，2004，14：188－195.

[12] GASPAR F W，CASTORINA R，MADDALENA R L，et al. Phthalate exposure and risk assessment in California child care facilities［J］. Environmental Science and Technology，2014，48：7593－7601.

[13] GUO Y，KANNAN K. Comparative assessment of human exposure to phthalate esters from house dust in China and the United States［J］. Environmental Science and Technology，2011，45：3788－3794.

[14] HUNT A, JOHNSON D L, WATT J M, et al. Characterizing the sources of particulate lead in house dust by automated scanning electron microscopy [J]. Environmental Science and Technology, 1992, 26: 1513 – 1523.

[15] LANGER S, WESCHLER C J, FISCHER A, et al. Phthalate and PAH concentrations in dust collected from Danish homes and daycare centers [J]. Atmospheric Environment, 2010, 44: 2294 – 2301.

[16] LI X H, MA L L, LIU X F, et al. Phthalate ester pollution in urban soil of Beijing, People's Republic of China [J]. Bulletin of Environmental Contamination and Toxicology, 2006, 77: 252 – 259.

[17] MORGAN M K, SHELDON L S, CROGHAN C W, et al. A pilot study of children's total exposure to persistent pesticides and other persistent organic pollutants (CTEPP) [R]. Contract Number 68 – D – 99 – 011, Task Order 0002. Research Triangle Park, NC: US EPA National Exposure Research Laboratory; 2004.

[18] RAKKESTAD K E, DYE C J, YTTRI K E, et al. Phthalate levels in Norwegian indoor air related to particle size fraction [J]. Journal of Environmental Monitoring, 2007, 9: 1419 – 1425.

[19] TURPIN B J, LIM H J. Species contributions to $PM_{2.5}$ mass concentrations: revisiting common assumptions for estimating organic mass [J]. Aerosol Science and Technology, 2001, 35: 602 – 610.

[20] WANG L X, GONG M Y, XU Y, et al. Phthalates in dust collected from various indoor environments in Beijing, China and resulting non – dietary human exposure [J]. Building and Environment, 2017, 124: 315 – 322.

[21] WANG X K, TAO W, XU Y, et al. Indoor phthalate concentration and exposure in residential and office buildings in Xi'an, China [J]. Atmospheric Environment, 2014, 87: 146 – 152.

[22] WESCHLER C J, NAZAROFF W W. Semivolatile organic compounds in indoor environments [J]. Atmospheric Environment, 2008, 42: 9018 – 9040.

[23] WESCHLER C J, NAZAROFF W W. SVOC partitioning between the gas phase and settled dust indoors [J]. Atmospheric Environment, 2010, 44: 3609 – 3620.

[24] WILSON N K, CHUANG J C, LYU C, et al. Aggregate exposure of nine preschool children to persistent organic pollutants at daycare and at home [J]. Journal of Exposure Analysis and Environmental Epidemiology, 2003, 13: 187 – 202.

[25] WILSON N K, CHUANG J C, LYU C. Levels of persistent organic pollutants in several child day care centers [J]. Jouranl of Exposure Analysis and Environmental Epidemiology, 2001, 11: 449 – 458.

[26] ZENG F, CUI K, XIE Z Y, et al. Distribution of phthalate esters in urban soils of subtropical city, Guangzhou, China [J]. Journal of Hazardous Materials, 2009, 164: 1171 – 1178.

第 6 章

大学生邻苯二甲酸酯皮肤暴露

现有关于人体室内邻苯二甲酸酯暴露研究，大部分以吸入和降尘摄入作为主要暴露途径，皮肤暴露常被忽略。Kezić等（1997）对空气中有机污染物的研究表明，人体皮肤暴露剂量大约是吸入暴露剂量的70% ~120%。Weschler 等（2008）对比人体 SVOC 暴露途径的研究表明，人体皮肤暴露的速率不亚于吸入暴露速率，甚至可能更高。因此，皮肤暴露不容小觑。皮肤暴露评价模型的应用虽已比较普遍，但仍存在一些局限和不足。现有的皮肤暴露评价模型，在估算皮肤接触暴露剂量时，假设皮肤暴露面积约为总皮肤面积的1/4，该估算方法假设衣服遮盖部位的暴露忽略不计，导致人体皮肤暴露剂量评估结果被低估。本研究对人体皮肤表面的 PAEs 含量分布特征进行研究，对皮肤表面 PAEs 暴露评价给出建议，为减少人体 PAEs 暴露，降低人体 PAEs 污染危害提供科学依据。

6.1 研究对象和方法

6.1.1 样品采集

2018 年 1 月，选取某高校 146 间宿舍中的 30 间，其中阳面、阴面各 15 间；女生宿舍 10 间，男生宿舍 20 间。30 间宿舍分别选取一名志愿者，共 30 人参与皮肤采样。受试者年龄在 18 ~25 岁之间。实验前要求受试者填写身高、体重、重大疾病与日常行为习惯等信息的调查问卷。所选受试者没有任何皮肤疾病，且在实验前签署知情同意书。此外，实验前要求所有受试者取样前不清洗任何皮肤部位及接触任何护肤品和化妆品等，采样时间为上午 7：30 –8：30，受试者起床前，皮肤未清洗。采样部位包括：额头、左手、右手、左臂、右臂、背部、左小腿、右小腿、左脚背和右脚背共 10 个部位。

本研究皮肤采样包括：

1）纱布前处理：将 10cm ×10cm 医用纱布放入广口瓶中，加入色谱纯二氯甲烷（Dikma Technologies Inc.）用超声波清洗器（KQ5200DE，昆山舒美）萃取

30min，然后将萃取后的纱布放入玻璃真空干燥器中干燥 24h，并将干燥后的纱布放入棕色具塞广口瓶中，用移液管取 5mL 色谱纯异丙醇（Dikma Technologies Inc.）加入到广口瓶，使用镊子润湿纱布。

2）皮肤擦拭：采样者首先带上橡胶手套，使用镊子夹取棕色广口瓶中的纱布，对折拧干后，用纱布两面分别擦拭两次，打开纱布，反面再对折；重复上述步骤。每个部位每个表面共擦拭 4 次。采集的皮肤擦拭样品存储于 -20℃的冰箱内，直至分析。

手的擦拭包括手心、手背；额头采样面积为 $25cm^2$；背部和左、右脚背处的采样面积为 $70cm^2$；左、右手臂和左、右小腿的采样面积为 $250cm^2$。

6.1.2 样品前处理及分析

样品前处理过程如下：

1）将待测样品放入玻璃真空干燥器解冻 24h 后，加入 50mL 色谱纯二氯甲烷，并用镊子将纱布全部浸泡在二氯甲烷溶剂中。

2）将棕色广口瓶放入超声波萃取仪，20℃恒温水浴萃取 30min；

3）将萃取后的溶液在 65℃下用旋转蒸发仪（RE-2000A，上海亚荣生化仪器厂）浓缩至 5mL。

4）使用氮吹仪（HSC-12B，天津市恒奥科技发展有限公司）将浓缩液氮吹至 1mL，不足 1mL 使用二氯甲烷定容后并移入样品瓶中，放入 4℃冰箱内保存，待测。

前处理后的所有样品均采用 GC-MS（7820A-5977E，Agilent Technology）进行分析，仪器参数如下：

色谱柱：HP-5MS，30m×0.25mm×0.25μm；载气：氦气，流速 2mL/min；进样口温度：280℃，进样量 1μL，不分流；初始柱温：100℃，保持 2min；升温速率 10℃/min；最终柱温：300℃，保持 5min；MS：电子离子轰击源（EI），电压 70eV，温度 150℃；工作模式：SIM 模式。

PAEs 保留时间及定量离子见表 6-1。

表 6-1 PAEs 保留时间及定量离子

PAEs	保留时间/min	定量离子	辅助定量离子
DMP	6.916	163	77
DEP	8.601	149	177
DiBP	11.570	149	223
DnBP	12.500	149	223
DMEP	12.880	59	149、193
DEEP	13.961	45	72

（续）

PAEs	保留时间/min	定量离子	辅助定量离子
DPP	14.271	149	237
DNHP	15.924	104	149、76
BBzP	15.972	149	91
DBEP	16.983	149	223
DCHP	17.325	149	167
DNOP	18.913	149	279
DNP	20.277	57	149、71

6.1.3 标准曲线

取1000μg/mL的15种邻苯二甲酸酯混标液1mL（AccuStandard Inc.），使用二氯甲烷为溶剂，将混标液分别稀释为0.01μg/mL、0.05μg/mL、0.1μg/mL、0.4μg/mL、0.6μg/mL、0.8μg/mL、1μg/mL、2μg/mL、4μg/mL、6μg/mL、8μg/mL、10μg/mL、50μg/mL和100μg/mL的标准溶液。配置完成后放于冰箱内4℃保存。混合标准溶液需每1~2个月更换一次。共得出10种PAEs标准曲线，见表6-2，标准曲线色谱图如图6-1所示。

表6-2 PAEs标准曲线

PAEs	标准曲线	相关系数（R^2）
DMP	$y=51903x+49015$	0.9970
DiBP	$y=64552x+48192$	0.9974
DnBP	$y=75366x+73445$	0.9965
DMEP	$y=73791x+83128$	0.9953
DEEP	$y=8755x+9352$	0.9931
BBzP	$y=65370x-13655$	0.9998
DBEP	$y=46064x+23976$	0.9969
DCHP	$y=45832x+42636$	0.9927
DNOP	$y=59802x+34018$	0.9921
DNP	$y=57980x+11058$	0.9995

6.1.4 质量控制与保证

为防止邻苯二甲酸酯采集过程中受到污染，所有实验器材均使用玻璃仪器，实验过程中不使用塑料制品。所有玻璃仪器均使用清洁剂在超声波萃取仪中清洗两次，每次30min；再次放入超声波萃取仪中，使用清水、蒸馏水各清洗一次，每次30min；最后使用二氯甲烷溶剂清洗两次。将洗净后的仪器放入玻璃真空干

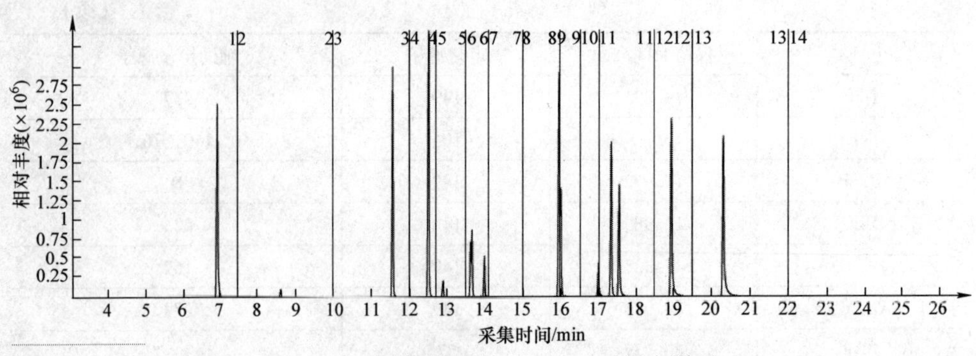

图 6-1　PAEs 标准溶液（100μg/mL）色谱图

燥器中干燥，待用。

本研究选取每个受试者的第一次擦拭采样进行分析，因为龚梦艳（2015）进行的皮肤擦拭采样效率评价结果表明，第一次擦拭中 DiBP、DnBP 和 DEHP 的含量分别占三次总含量的 82% ±4%、83% ±4% 和 83% ±4%。

空白实验：每批（20 个）实验样品处理过程中，同时对二氯甲烷溶剂空白样品进行处理；并且将采样用纱布取出置于每名受试者的采集现场空气中，采样结束后放回广口瓶，作为现场空白。

回收率实验：在干净医用纱布上加入浓度分别为 5μg/mL、10μg/mL、20μg/mL 的邻苯二甲酸酯混标液 1mL，按 6.1.2 小节所述处理并分析，计算加标回收率。

残余量实验：随机抽取 330 个皮肤擦拭样本中的 10 个，重复前处理过程：加入 25mL 色谱纯二氯甲烷，旋转蒸发后氮吹浓缩，定容至 1mL 后，通过 GC - MS 分析，邻苯二甲酸酯检出率均为 0。

6.1.5　统计分析方法

利用 R 语言对数据进行统计分析，均使用双侧检验，统计结果显著水平为 $p=0.05$。通过 Sharpio - Wilk 检验，判断数据是否满足正态分布或对数正态分布。若数据不服从正态分布，采用非参数检验，对两配对样本采用 Wilcoxon 检验，两独立样本采用 Kruskal - Waillis 检验，多独立样本采用 Friedman 检验；若数据服从正态分布，采用参数检验，样本量大于 30 采用 U 检验，样本量小于 30 的 2 组变量采用 T 检验，2 组及以上的独立样本间差异采用方差分析，分类变量采用卡方检验。2 组变量的相关性，在满足正态分布、连续数据、线性关系的条件下采用 Pearson 相关分析，上述任一条件不满足则采用 Spearman 相关分析。分析结果越接近 1（-1），正（负）相关性越强。动态暴露过程，采用 Crystal Ball 进行 PAEs 暴露浓度模拟。

采用 R studio 1.1、R 3.4.3、Crystal Ball 11.1 进行统计分析研究。PAEs 的

浓度的相关性采用 stats:: cor. test 函数，方法使用 spearman。PAEs 的浓度分布采用 stats:: shaprio. test 函数，检验浓度是否服从正态分布。采用 stats:: wilcoxon. test 函数，进行组间差异检验。采用 fitdistrplus:: fitdist 函数，拟合浓度最优分布。采用 Crystal Ball 进行 PAEs 暴露浓度模拟。

6.2　不同部位 PAEs 分布特征

6.2.1　不同部位 PAEs 浓度水平

本次实验结果，各部位 PAEs 浓度分布见表 6-3。DMP 和 BBzP 检出率为 0；DEEP 在各部位皮肤样品中检出率为 0～23%，其中额头检出率最高；DiBP、DnBP、DMEP、DBEP、DEHP、DNOP 和 DNP 在所有皮肤擦拭部位均有检出，DiBP 检出率为 53%～73%，小腿检出率最低；DNOP 检出率为 57%～97%，脚面检出率最低，DnBP、DMEP、DBEP、DEHP 和 DNP 检出率较高，检出率为 87%～100%。皮肤表面所有部位的 PAEs 检出浓度如图 6-2 所示，其中，DBEP 和 DEHP浓度最高，其次是 DNP，且 DNP 的略高于 DNOP。

表 6-3　皮肤表面 PAEs 浓度的分布特征　　（单位：μg/m²）

PAEs	统计值	背	额头	左手	右手	左臂	右臂	右脚	左脚	右腿	左腿
DiBP	Mean	0.30	35.61	0.47	0.77	0.53	0.44	0.76	0.33	0.39	0.41
	Min	—	—	—	—	—	—	—	—	—	—
	25th%	—	—	0.14	0.03	—	0.15	0.17	0.14	—	—
	50th%	4.32	12.09	1.61	1.45	0.22	0.40	5.13	5.32	0.29	0.39
	75th%	16.62	32.64	4.45	7.03	0.48	0.66	22.89	24.12	0.64	0.71
	Max	61.62	282.35	72.21	35.37	6.17	1.21	111.30	138.88	2.27	1.17
	检出率	70%	70%	76%	73%	69%	83%	73%	76%	57%	67%
DnBP	Mean	0.56	94.21	0.91	0.81	1.13	1.03	1.51	1.63	2.03	1.21
	Min	—	—	—	—	—	—	—	3.88	—	—
	25th%	12.95	7.16	4.66	3.01	0.33	0.50	19.86	28.74	0.31	0.33
	50th%	21.48	30.86	11.94	9.15	0.77	0.87	44.31	53.96	0.64	0.72
	75th%	42.32	133.36	18.67	16.76	1.24	1.09	93.22	169.32	2.49	1.45
	Max	479.96	482.26	118.49	79.39	7.96	5.69	1644.33	1476.46	18.39	8.15
	检出率	93%	87%	93%	93%	97%	97%	87%	100%	87%	97%
DMEP	Mean	0.53	129.00	0.79	0.68	1.04	1.05	1.56	1.74	1.68	1.08
	Min	—	—	—	—	0.15	—	—	2.74	—	0.12

（续）

PAEs	统计值	背	额头	左手	右手	左臂	右臂	右脚	左脚	右腿	左腿
DMEP	25th%	13.85	5.27	4.30	1.75	0.34	0.53	24.98	11.53	0.29	0.29
	50th%	23.66	33.13	6.31	7.16	0.65	0.81	57.67	43.89	0.70	0.56
	75th%	50.70	147.27	17.88	15.61	1.21	1.15	131.90	167.56	1.92	1.40
	Max	477.58	1346.54	117.48	78.78	7.94	5.32	1643.73	1475.31	18.30	8.13
	检出率	97%	83%	97%	93%	100%	97%	90%	100%	93%	100%
DBEP	Mean	0.73	240.52	1.65	1.99	2.86	2.70	1.20	1.35	2.46	2.57
	Min	12.52	8.86	6.76	3.12	0.51	0.47	—	1.26	0.26	0.26
	25th%	46.36	73.24	15.80	15.57	1.51	1.27	45.13	22.81	1.13	0.67
	50th%	77.34	131.92	24.85	33.25	2.12	2.32	115.46	82.43	1.43	2.41
	75th%	121.72	256.06	55.66	43.44	3.64	3.33	232.49	293.38	3.86	3.44
	Max	687.14	1623.73	154.24	297.24	11.88	9.36	535.94	1885.64	8.93	8.64
	检出率	100%	100%	100%	100%	100%	100%	97%	100%	100%	100%
DEHP	Mean	0.72	279.74	1.60	1.92	2.74	2.60	1.18	1.37	2.42	2.41
	Min	4.37	7.48	1.86	1.18	—	—	—	1.35	0.16	—
	25th%	31.48	63.58	13.52	14.06	1.43	1.18	48.41	66.11	0.93	0.57
	50th%	65.75	142.09	22.57	33.33	2.11	2.26	119.72	128.31	1.38	2.09
	75th%	115.18	364.24	41.97	51.44	3.55	3.33	232.03	289.96	3.76	3.23
	Max	788.26	1615.66	152.99	296.49	11.84	9.25	532.84	1889.37	8.88	8.58
	检出率	100%	100%	100%	100%	97%	97%	93%	100%	100%	97%
DNOP	Mean	0.83	379.90	1.72	1.67	2.23	2.78	0.31	0.44	0.90	1.02
	Min	—	—	—	—	—	—	—	—	—	—
	25th%	14.28	50.55	8.45	1.74	0.27	0.59	—	—	0.15	—
	50th%	156.64	358.72	42.65	24.72	1.70	2.54	0.91	14.23	0.51	0.46
	75th%	198.47	648.95	63.75	57.97	3.69	4.41	20.58	35.36	1.75	1.17
	Max	396.86	1392.59	88.83	145.73	7.72	7.59	288.24	268.79	3.34	5.38
	检出率	97%	97%	90%	87%	86%	93%	57%	66%	77%	70%
DNP	Mean	0.97	507.25	2.40	2.59	3.57	3.62	0.47	0.45	1.77	2.03
	Min	3.51	11.14	1.67	1.66	0.63	0.44	—	0.46	—	0.10
	25th%	27.66	111.03	25.57	20.33	1.89	2.45	8.23	6.78	0.64	0.99
	50th%	143.47	505.15	53.60	47.75	3.38	3.33	27.04	41.29	1.63	1.71
	75th%	224.35	637.19	67.57	75.53	4.93	4.74	65.82	82.38	2.18	2.44
	Max	415.51	1713.48	154.44	198.40	8.64	7.46	214.99	324.72	11.75	5.64
	检出率	100%	100%	100%	100%	100%	100%	93%	100%	97%	100%

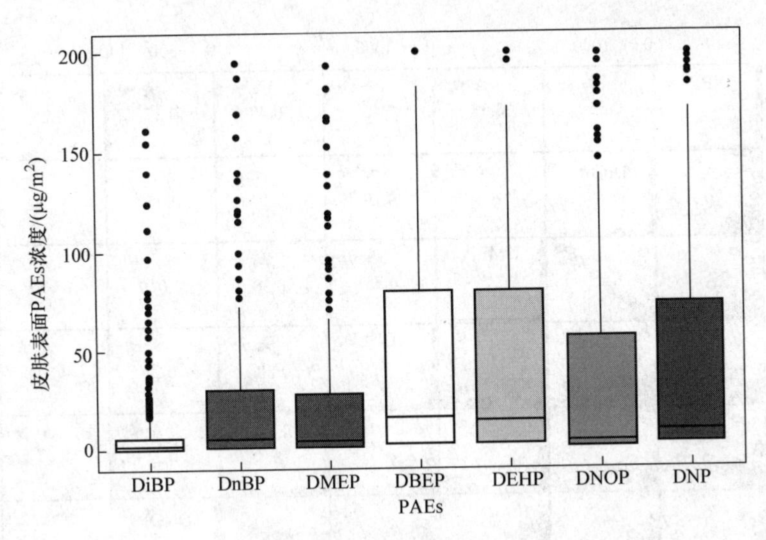

图6-2 皮肤表面PAEs浓度

对检出浓度进行Sharpiro－Wilk检验，检测结果除左臂DNP浓度、右臂DNOP和DNP浓度之外，其他身体部位的DiBP、DnBP、DBEP、DEHP、DNOP和DNP浓度均不服从正态或对数正态分布，DNOP和DNP浓度分布原因可能是样本量较少，误差导致。整体DiBP、DnBP、DBEP、DEHP、DNOP和DNP的W值为0.0232～0.3497，p值均小于0.05，浓度分布均不服从正态分布或对数正态分布。

对皮肤表面的7种PAEs做相关性分析，结果如图6-3所示。DEHP和DBEP浓度显著正相关（相关性系数为0.88，$p=0.000$）；DnBP与DMEP浓度显著正相关（相关性系数为0.91，$p=0.000$）；DNP与DNOP浓度显著正相关（相关性系数为0.57，$p=0.000$）；DiBP和其他6种PAEs均有显著正相关关系。皮肤表面的PAEs浓度均有不同程度的相关关系，表明这些PAEs可能来自共同的源。

6.2.2 不同部位PAEs浓度差异性分析

图6-4所示为不同部位皮肤表面DiBP、DnBP、DMEP、DBEP、DEHP、DNOP和DNP浓度中位值。额头表面的DiBP（中位值：12.09μg/m²）、DBEP（中位值：131.92μg/m²）、DEHP（中位值：142.09μg/m²）、DNOP（中位值：358.72μg/m²）和DNP（中位值：505.15μg/m²）浓度最高。双脚表面的DnBP（中位值：53.96μg/m²；44.31μg/m²）和DMEP（中位值：43.89μg/m²；57.67μg/m²）的浓度最高。

对于对称部位左、右手，左、右臂，左、右脚，左、右腿，Wilcoxon秩和检验结果均无显著性差异，检验结果如表6-4所示。Spearman检测结果与组间差异检验结果相同，对称部位显著相关，两检验结果表明身体对称部位PAEs的浓

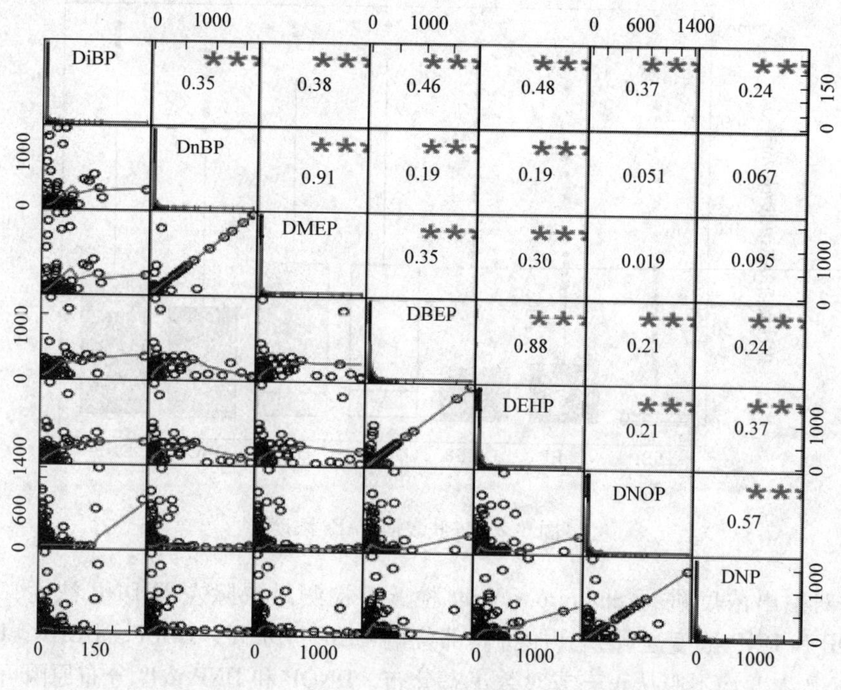

图 6-3 PAEs 相关性

（图中对角线为 PAEs 名称；左下三角为两种 PAEs 的散点图；右上三角数字为两种 PAEs 的相关系数，* $p<0.05$，** $p<0.01$，*** $p<0.001$，相关系数的大小与 p 值大小正相关）

度水平一致。后续分析不同部位 PEAs 浓度均使用对称部位浓度均值进行。

皮肤表面 DiBP 最高浓度部位是额头，显著高于浓度最低部位小臂（中位值：0.348μg/m^2）（$p=0.01$），显著高于小腿（中位值：0.394μg/m^2）（$p=0.01$），背与脚面浓度接近，但存在显著性差异（$p=0.02$）。DnBP 与 DMEP 皮肤浓度分布相似，脚面均显著高于小臂（中位值：0.771μg/m^2；0.780μg/m^2）（$p=0$；$p=0$），且显著高于小腿（中位值：0.883μg/m^2；0.738μg/m^2）（$p=0$；$p=0$）；小腿与小臂表面浓度接近，无显著性差异；额头的浓度略高于背部的，无显著性差异，但略高于手的，存在显著性差异（$p=0.03$；$p=0.05$）。DEHP 额头表面与脚表面浓度较高，无显著性差异，小臂（中位值：2.222μg/m^2）和小腿（中位值：1.802μg/m^2）表面浓度较低，与额头和脚存在显著性差异（$p=0.00$），与手表面浓度（中位值：28.936μg/m^2）存在显著性差异（$p=0.05$）。皮肤表面 DNOP 与 DNP 浓度分布相似，除额头和背部（中位值：156.639μg/m^2，143.470μg/m^2）较高外，其他部位检出浓度较低，额头和背部浓度存在显著性差异（$p=0.03$；$p=0$），与手、小臂、脚和小腿均存在显著性差异（$p<0.05$）。

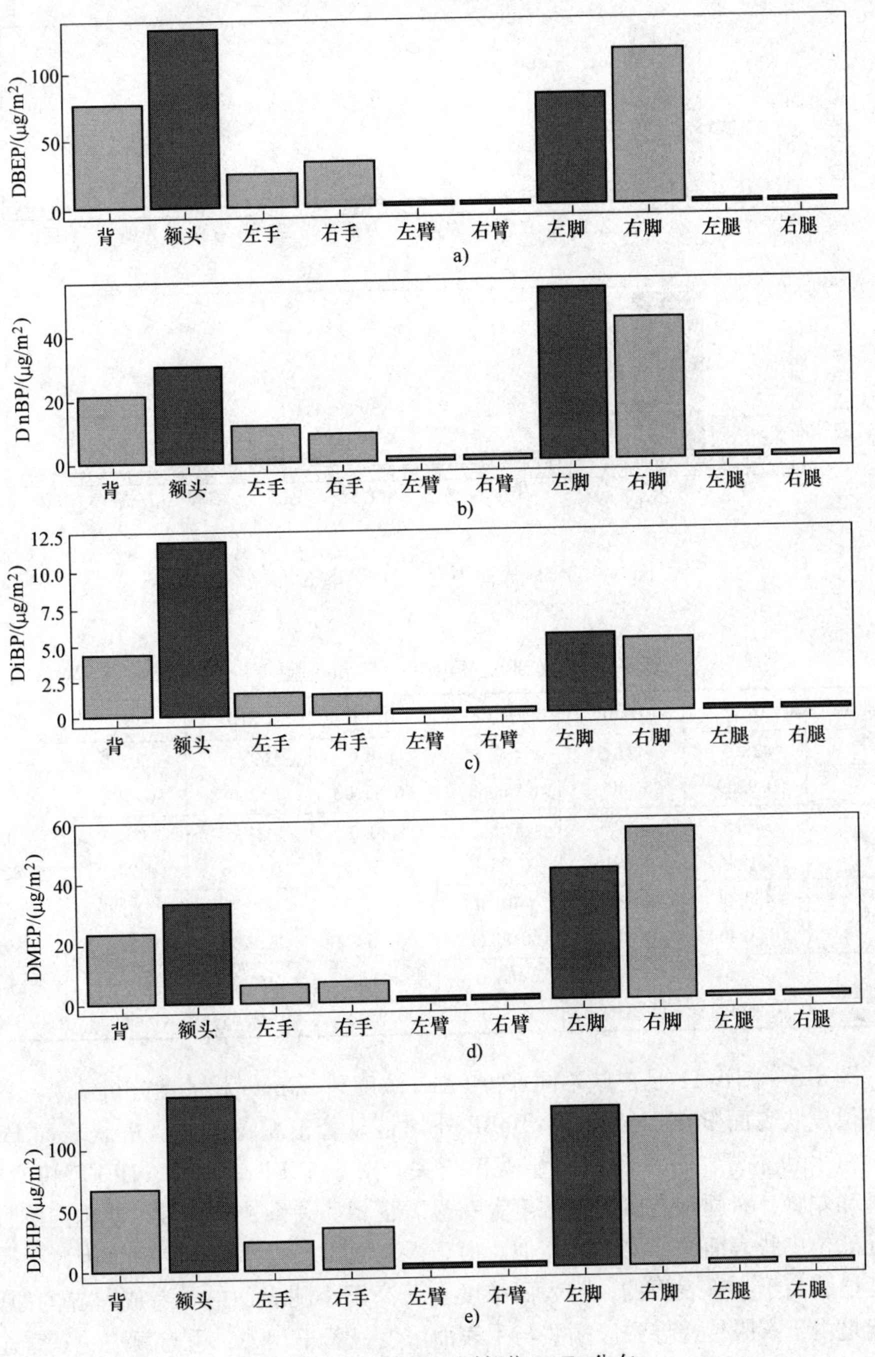

图6-4 皮肤表面不同部位PAEs分布

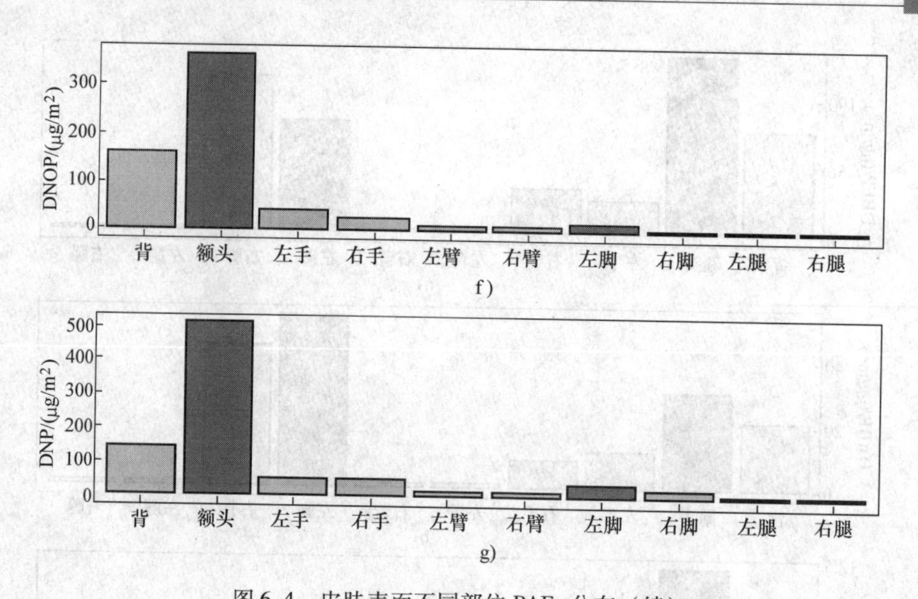

图 6-4　皮肤表面不同部位 PAEs 分布（续）

表 6-4　对称部位 Wilcoxon 秩和检验[$W(p)$]

部位	DiBP	DnBP	DMEP	DBEP	DEHP	DNOP	DNP
手	428. 5 (0. 9269)	481. 5 (0. 4855)	469. 5 (0. 6062)	421. 0 (0. 8390)	360. 0 (0. 2608)	502. 0 (0. 3129)	451. 0 (0. 8156)
臂	349. 5 (0. 1944)	425. 5 (0. 8914)	370. 5 (0. 3318)	440. 0 (0. 9456)	439. 5 (0. 9516)	358. 5 (0. 2489)	418. 0 (0. 8024)
脚	450. 0 (0. 8246)	482. 5 (0. 4760)	418. 0 (0. 8024)	412. 0 (0. 7349)	479. 0 (0. 5095)	500. 0 (0. 3134)	492. 0 (0. 3916)
腿	495. 5 (0. 4934)	435. 5 (0. 8360)	406. 0 (0. 5201)	459. 0 (0. 9528)	454. 5 (0. 9528)	410. 5 (0. 5605)	515. 5 (0. 3365)

图 6-5 ~ 图 6-11 是皮肤不同部位 PAEs 浓度 Spearman 相关性分析结果。各对称部位皮肤表面 PAEs 浓度，除 DnBP 外均是显著正相关关系。皮肤表面 PAEs 浓度左手和左臂、右手和右臂显著正相关。对于 DiBP、DnBP、DBEP 和 DNP，左腿和左脚、右腿和右脚表面浓度存在显著正相关关系，其原因可能是同侧身体靠近部位皮肤表面的暴露途径相似。由于手表面接触频率高于手臂，因此手表面浓度显著高于小臂表面的；脚表面浓度显著高于小腿表面的，造成差异的原因，可能是由于衣服传递导致。额头与手表面浓度显著正相关，手与额头的暴露途径相似，包括空气暴露、直接接触和衣服传递。背部 PAEs 浓度与小腿表面相关系数最高，可能反映了衣服传递是冬季的主要暴露途径。

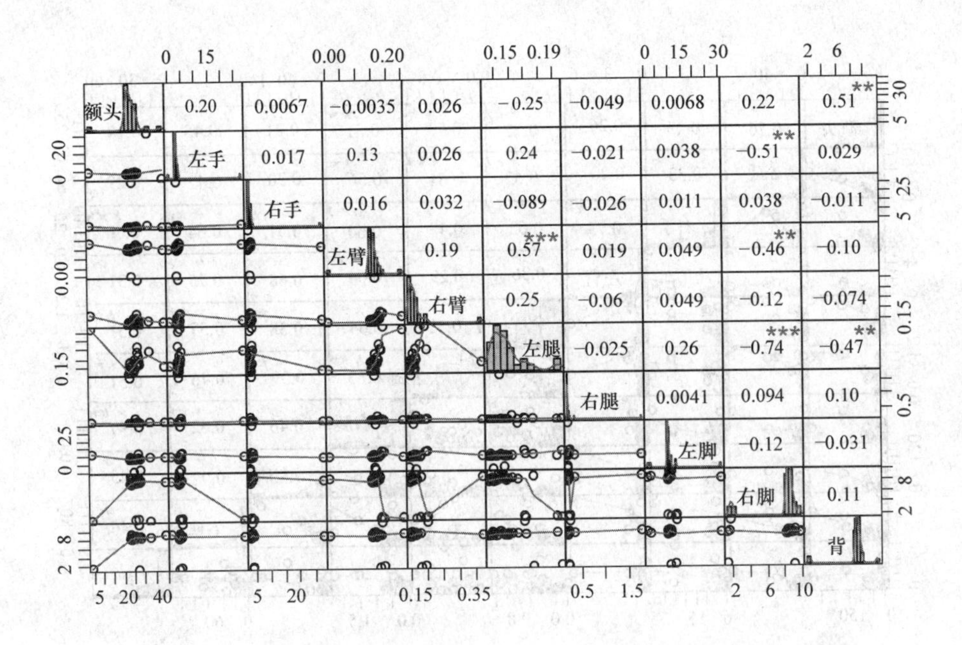

图 6-5　不同部位 DBEP 浓度 Spearman 相关性分析

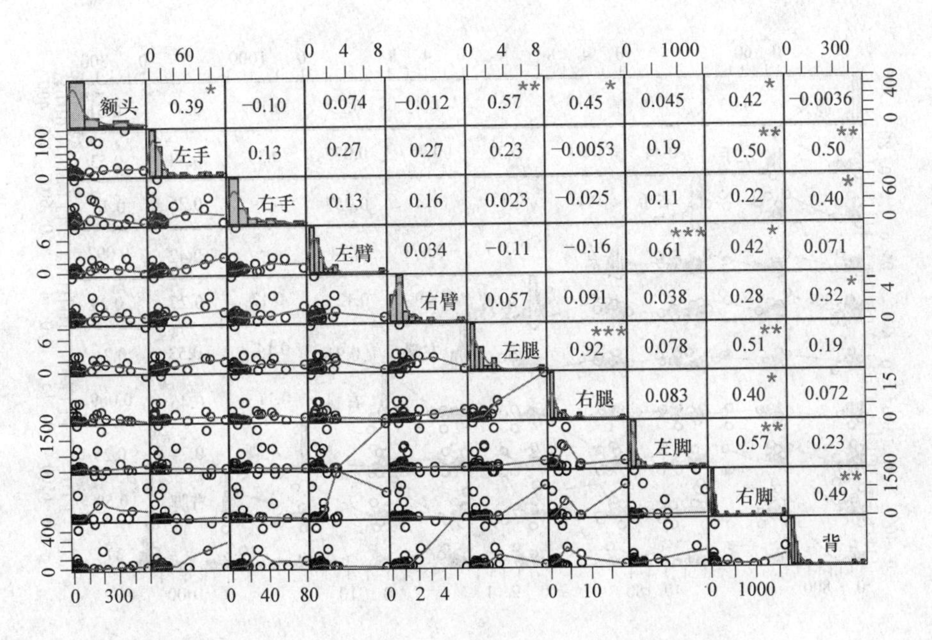

图 6-6　不同部位 DnBP 浓度 Spearman 相关性分析

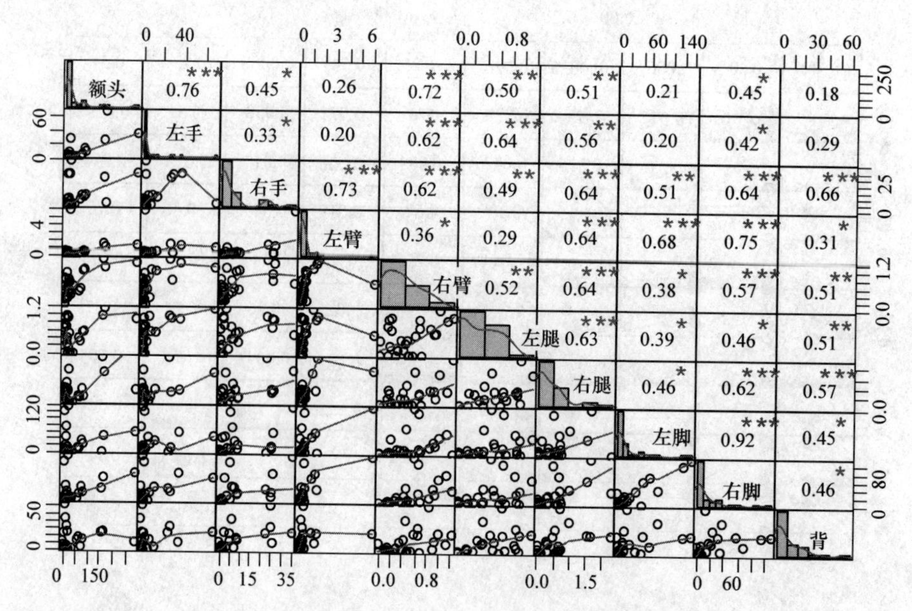

图 6-7　不同部位 DiBP 浓度 Spearman 相关性分析

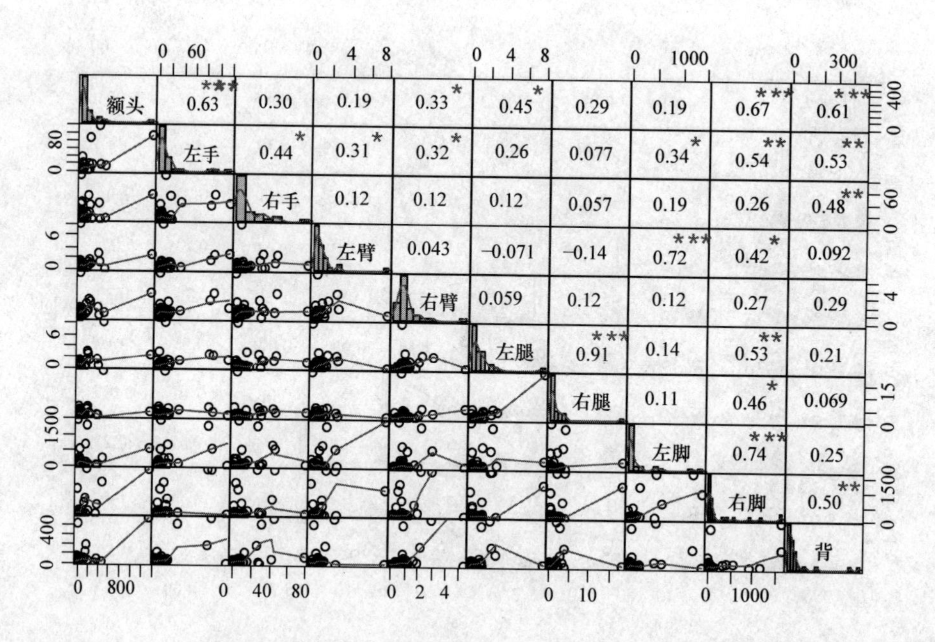

图 6-8　不同部位 DMEP 浓度 Spearman 相关性分析

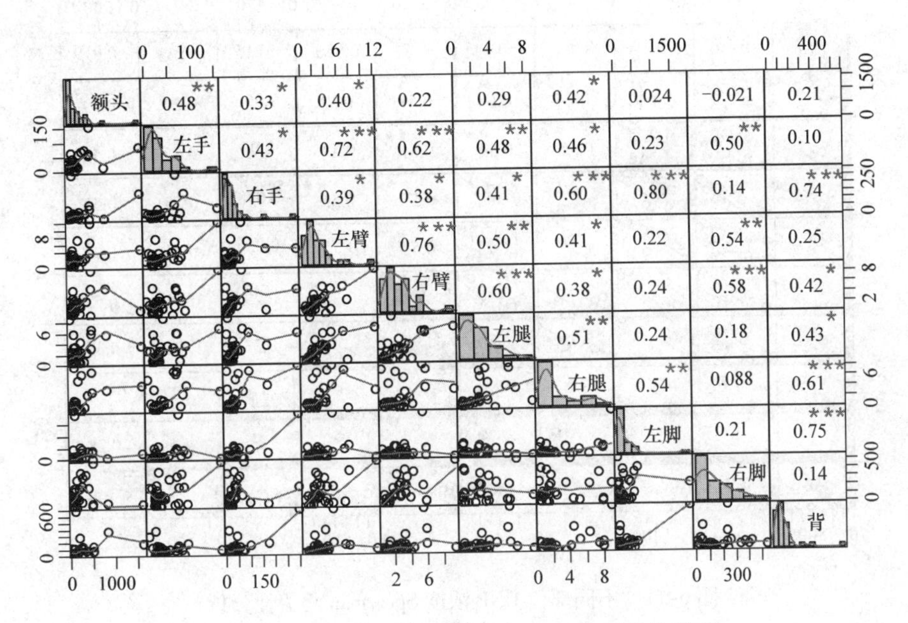

图 6-9 不同部位 DEHP 浓度 Spearman 相关性分析

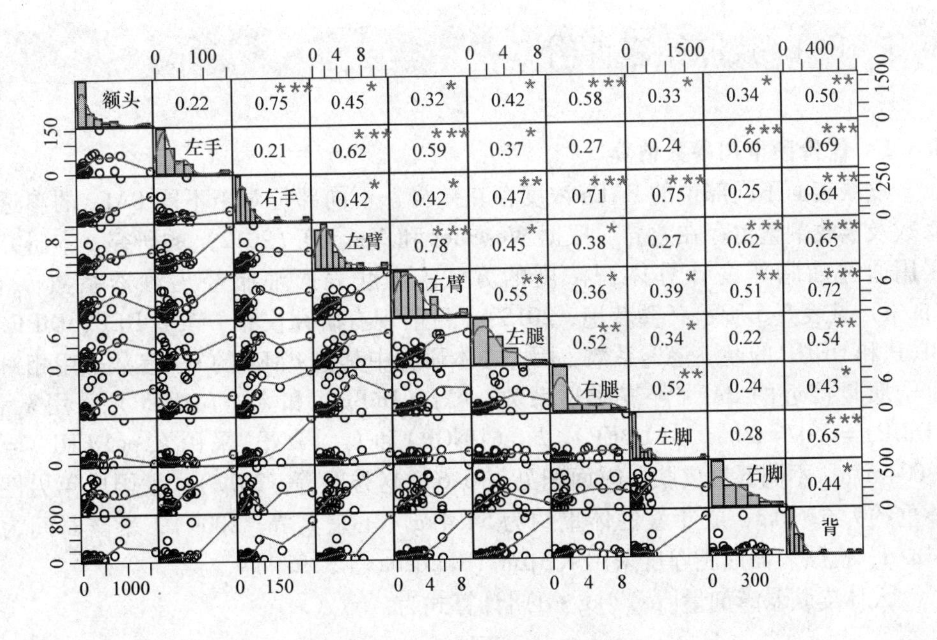

图 6-10 不同部位 DNOP 浓度 Spearman 相关性分析

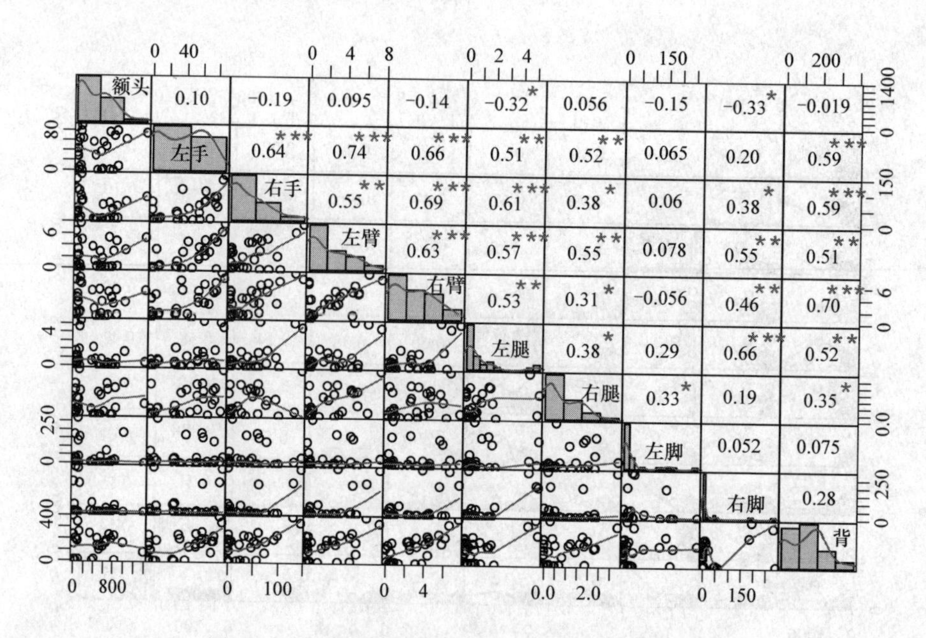

图 6-11　不同部位 DNP 浓度 Spearman 相关性分析

6.3　PAEs 皮肤暴露评价

6.3.1　评价模型和参数估算

皮肤表面不同部位的 PAEs 浓度存在差异，不同部位对于不同 PAEs 的渗透系数及吸收剂量也存在差异。根据 Weschler 和 Nazaroff（2012）的研究，本研究采用通过油脂厚度计算体积浓度的方法。皮肤表面油脂经皮渗透系数 $k_{p,l}$（m/h）见表 6-5 所示（龚梦艳，2015），目前现有研究仅有 DMP、DEP、DiBP、BBzP 和 DEHP 的经皮渗透系数，因此在本研究中其他 PAEs 的 $k_{p,l}$参数采用相对分子质量接近的 PAEs 经皮渗透系数，$k_{p,l}$（DnBP）和 $k_{p,l}$（DMEP）采用 $k_{p,l}$（DiBP）= 0.076m/h，$k_{p,l}$（DBEP）、$k_{p,l}$（DNOP）和 $k_{p,l}$（DNP）采用 $k_{p,l}$（DEHP）= 0.004m/h。不同部位皮肤暴露面积见表 6-6（赵秀阁等，2012），我国成年男性体重约为 62.6kg，成年女性体重约为 54.4kg（王宗爽等，2009），暴露时间为 24h/d，皮肤表面油脂厚度采用 1.3μm（Marcella 等，1979）。

人体皮肤暴露剂量[μg/(kg · d)]计算式为

$$DA = \frac{k_{p,l} \times \sum_i c_i \times SA_i \times t}{x_i \times BW} \tag{6-1}$$

式中，$k_{p,1}$为皮肤表面油脂经皮渗透系数（μm/h）；c_i为不同部位 PAEs 浓度（μg/m^2）；SA_i为不同部位暴露面积（m^2）；t 为暴露时间（h/d）；x_i为皮肤表面油脂厚度（μm）；BW 为体重（kg）。

表 6-5 皮肤表面油脂经皮渗透系数 （单位：μm/h）

PAEs	DMP	DEP	DiBP	DnBP	BBzP	DEHP
$k_{p,1}$	0.30	0.18	0.076	0.074	0.046	0.004

表 6-6 我国北方居民不同部位的皮肤表面积 （单位：m^2）

人群	头	躯干	手臂	手	腿	脚
成年男性	0.124	0.584	0.232	0.085	0.524	0.112
成年女性	0.118	0.558	0.222	0.082	0.501	0.107

6.3.2 不同部位 PAEs 暴露剂量

对不同部位皮肤表面的 PAEs 计算平均值及 95% 置信区间。因缺乏对 PAEs 浓度分布特征的研究，本研究通过皮肤擦拭检测的样本均值来推算各部位的 PAEs 浓度，各部位皮肤表面 PAEs 浓度均值及 95% 置信区间见表 6-7，各部位 PAEs 浓度 95% 置信区间具有统计学意义（$p<0.05$），且均值均在 95% 置信区间范围内。不同部位暴露剂量估算方法按照式（6-1）计算。

各部位 PAEs 暴露剂量见表 6-8。本研究测试时间为冬季，躯干是主要的衣服遮盖部位，由于躯干表面积占皮肤总表面积的比例较大，为 36%～63%，因此 PAEs 的总体暴露水平高于身体其他部位。其次是头部暴露水平较高。女生头部 7 种 PAEs 暴露剂量[61.25～673.91ng/(kg·d)]均高于男生头部暴露剂量[23.96～306.76ng/(kg·d)]，女生手部 PAEs 的总暴露剂量也高于男生，这一结果与我国 PAEs 的使用情况符合。女生在化妆品使用频率上明显高于男生，而化妆品中含有增塑剂，起到增强化妆品表面活性剂的功效（李杰明，2015）[2]，此外，化妆品中的脂溶性溶剂用量高，促使化妆品容器中的 PAEs 迁移到化妆品（王力强等，2014）。DnBP 和 DMEP 脚部暴露剂量较高，对整体暴露剂量贡献较大，约占整体暴露剂量的 30%～35%。

表 6-7 皮肤表面 PAEs 浓度均值及 95% 置信区间（单位：μg/m^2）

PAEs	额头	背	手	臂	脚	腿
DiBP	35.61 (12.19, 59.03)*	11.17 (5.62, 16.73)*	8.06 (3.73, 12.40)*	0.60 (0.33, 0.88)*	26.33 (12.13, 40.54)*	0.65 (0.49, 0.82)*
DnBP	94.21 (45.05, 143.37)*	60.69 (18.50, 102.88)*	19.60 (12.63, 26.56)*	1.11 (0.76, 1.47)*	234.71 (96.05, 373.37)*	1.71 (0.73, 2.70)*

（续）

PAEs	额头	背	手	臂	脚	腿
DMEP	129.00 （31.27， 226.73）*	63.14 （21.48， 104.79）*	16.05 （8.62， 23.48）*	1.04 （0.71， 1.38）*	234.06 （88.69， 379.44）*	1.41 （0.52， 2.30）*
DBEP	240.52 （120.60， 360.43）*	112.09 （62.33， 161.86）*	41.03 （26.70， 55.37）*	2.75 （1.98， 3.51）*	180.73 （104.84 ，256.63）*	2.62 （1.85， 3.39）*
DEHP	279.74 （148.46， 411.03）*	119.54 （51.40， 187.69）*	39.41 （26.07， 52.75）*	2.73 （1.95， 3.51）*	203.78 （127.52， 280.04）*	2.54 （1.78， 3.30）*
DNOP	379.90 （242.76， 517.04）*	138.81 （98.65， 178.97）*	41.46 （29.57， 53.34）*	2.83 （2.01， 3.66）*	67.13 （37.78， 96.47）*	1.25 （0.84， 1.67）*
DNP	507.25 （346.73， 667.77）*	143.01 （100.90， 185.12）*	52.20 （41.41， 63.00）*	3.63 （3.01， 4.25）*	56.62 （37.81， 75.44）*	1.95 （1.45， 2.45）*

*：$p<0.05$。

表 6-8 各部位皮肤表面 PAEs 暴露剂量 ［单位：ng/（kg·d）］

性别	部位	DiBP	DnBP	DMEP	DBEP	DEHP	DNOP	DNP
男	躯干	246.66	685.95	710.39	80.93	76.75	122.77	109.20
	臂	3.34	5.48	5.05	0.66	0.64	0.87	1.06
	头	89.82	231.76	306.76	23.96	33.41	53.89	75.70
	脚	63.19	534.46	512.08	26.11	29.26	10.32	9.36
	手	12.12	30.40	21.98	3.32	3.37	4.80	5.69
	腿	8.30	22.77	18.18	1.32	1.27	1.00	1.42
	全身	423.43	1，510.82	1，574.43	136.30	144.71	193.65	202.44
	分布							
女	躯干	184.14	1，319.08	1，241.90	76.76	102.87	58.96	84.84
	臂	3.09	7.11	6.82	1.04	1.08	0.65	0.94
	头	216.93	476.34	673.91	63.11	61.25	70.42	77.97
	脚	77.17	768.07	811.94	21.34	24.46	5.76	4.08
	手	22.81	58.56	53.04	6.32	5.68	3.18	4.79
	腿	7.77	15.67	14.53	2.44	2.38	0.36	0.85
	全身	511.90	2644.82	2802.14	171.01	197.72	139.34	173.48
	分布							

6.4　PAEs 总皮肤暴露评价

皮肤表面 PAEs 总暴露剂量如图 6-12 所示。皮肤表面 DNOP、DNP、DEHP 和 DBEP 浓度相对较高，但是其经皮肤渗透系数 $k_{p,1}$ 远低于 DiBP、DnBP 和 DMEP，因此皮肤表面总暴露剂量略低。

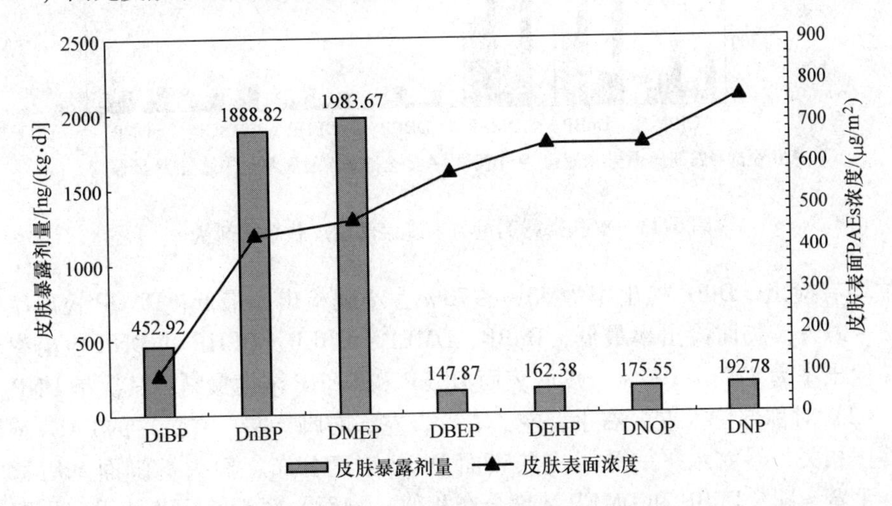

图 6-12　PAEs 皮肤暴露剂量与皮肤表面浓度

现有文献（Bekö 等，2013；Gaspar 等，2014）在估算皮肤总暴露剂量时，通常假设皮肤暴露面积为人体皮肤总面积的 1/4。图 6-13 是皮肤暴露剂量与未遮盖部位皮肤暴露剂量。冬季衣服遮盖部位为躯干、手臂、腿和脚，本研究衣服遮盖部位的 PAEs 暴露剂量占总体暴露剂量的 47. 2% ~82. 6%，以躯干和脚部占比较高。按现有文献的 1/4 暴露面积进行估算，结果与实际检测未遮盖部位暴露剂量接近，但人体皮肤暴露剂量被低估，尤其是 DnBP 和 DMEP，所以现有假设有待商榷，在估算人体皮肤 PAEs 暴露剂量时，衣服遮盖部位不可被忽略。

6.5　小结

（1）本研究测试了人体 10 个部位皮肤表面的 10 种 PAEs 的浓度水平。DMP 和 BBzP 检出率为 0；DEEP 在各部位皮肤样品中检出率为 0 ~23%，其中额头检出率最高。DiBP、DnBP、DMEP、DBEP、DEHP、DNOP 和 DNP 在所有皮肤擦拭

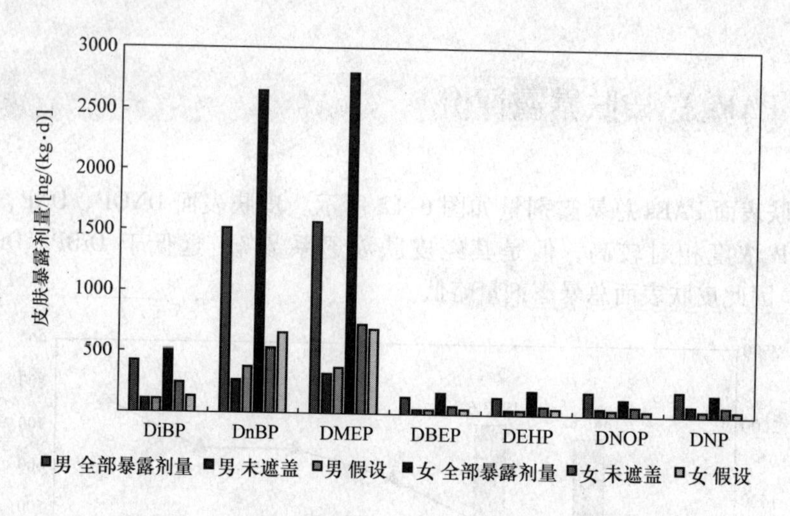

图6-13　皮肤暴露剂量与未遮盖部位皮肤暴露剂量

部位均有检出，DiBP 检出率为 53% ~73%，小腿检出率最低；DNOP 检出率为 57% ~97%，脚面检出率最低，DnBP、DMEP、DBEP、DEHP 和 DNP 检出率较高，检出率为 87% ~100%。皮肤表面 DBEP 和 DEHP 浓度最高，其次是 DNP。

（2）对称部位（左、右手，左、右臂，左、右脚，左、右腿）的 PAEs 浓度显著正相关，暴露水平一致。皮肤表面 DiBP 浓度分布：额头 > 脚面 > 后背 > 手 > 手臂≈腿；DnBP 和 DMEP 浓度分布相似：脚面 > 额头 > 后背 > 手 > 手臂≈腿；DBEP 与 DEHP 浓度分布相似：额头≈脚面 > 后背 > 手 > 手臂≈腿；DNOP 与 DNP 浓度分布相似：额头 > 后背 > 手≈脚 > 手臂≈腿。额头和脚表面的总 PAEs 浓度显著高于手臂和腿表面的 PAEs 浓度水平。

（3）躯干是主要的衣服遮盖部位，由于躯干占皮肤表面积的比例较大（36% ~63%），因此 PAEs 的总体暴露水平高于身体其他部位。其次是头部暴露水平较高。女生头部和手部表面的 PAEs 暴露量均高于男生头部和手部表面的 PAEs 暴露量。

（4）冬季衣服遮盖部位为躯干、手臂、腿和脚，以躯干和脚部占比较高。根据现有文献的 1/4 暴露面积估算进行估算，结果与实际检测未遮盖部位暴露剂量接近，但人体皮肤总暴露量被严重低估，尤其是 DnBP 和 DMEP，因此现有假设有待商榷，在估算人体皮肤 PAEs 总暴露时，衣服遮盖部位不可被忽略。

参考文献

[1] 龚梦艳．邻苯二甲酸酯皮肤暴露与总暴露的评价及关系研究 [D]．清华大学，2015.
[2] 李杰明．食品与日用品中邻苯二甲酸酯的危害及检测方法比较 [J]．轻工标准与质量，2015 (6)：32 –33.

[3] 王力强，李荔群，吴岷，等．化妆品中酞酸酯物质测定及女性人群暴露评估 [J]．中国公共卫生，2014，30（4）：478-481.

[4] 王宗爽，段小丽，刘平，等．环境健康风险评价中我国居民暴露参数探讨 [J]．环境科学研究，2009，22（10）：1164-1170.

[5] 赵秀阁，黄楠，段小丽，等．环境健康风险评价中的皮肤暴露参数 [J]．环境与健康杂志，2012，29（2）：124-126.

[6] BEKÖ G, WESCHLER C J, LANGER S, et al. Children's phthalate intakes and resultant cumulative exposures estimated from urine compared with estimates from dust ingestion, inhalation and dermal absorption in their homes and daycare centers [J]. Plos One, 2013, 8, e62442: 1-18.

[7] GASPAR F W, CASTORINA R, MADDALENA R L, et al. Phthalate exposure and risk assessment in California child care facilities [J]. Environmental Science and Technology, 2014, 48 (13): 7593-7601.

[8] KEZIĆS, MAHIEU K, Monster A C, et al. Dermal absorption of vaporous and liquid 2-methoxyethanol and 2-ethoxyethanol in volunteers. [J]. Occupational & Environmental Medicine, 1997, 54 (1): 38.

[9] MARCELLA NAZZARO-PORRO M D, SIRO PASSI P D, LUIGI BONIFORTI P D, et al. Effects of aging on fatty acids in skin surface lipids [J]. Journal of Investigative Dermatology, 1979, 73 (1): 112-117.

[10] WESCHLER C J, NAZAROFF W W. Semivolatile organic compounds in indoor environments [J]. Atmospheric Environment, 2008, 42 (40): 9018-9040.

[11] WESCHLER C J, NAZAROFF W W. SVOC exposure indoors: fresh look at dermal pathways [J]. Indoor Air, 2012, 22 (5): 356-377.